塞罕坝机械林场

野生动植物 图鉴 II

安长明　于士涛　王　龙　聂鸿飞　李　双　姚伟强　主编

中国林业出版社
China Forestry Publishing House

塞罕坝机械林场
野生动植物 图鉴 Ⅱ

编 委 会

主　　任：安长明　于士涛　王　龙

副 主 任：李永东　张建华　国志锋　房利民　韩文兵　贺　鹏

委　　员：聂鸿飞　赵立群　李　双　丁伯龙　陈祎珏　任　赛
　　　　　张　磊　王　越

主　　编：安长明　于士涛　王　龙　聂鸿飞　李　双　姚伟强

副 主 编：李晓靖　张　磊　王　磊　王金成

编　　委：（以姓氏笔画为序）
　　　　　万常学　王云财　王伶月　王金广　王艳春　王海燕
　　　　　王雪萌　王　涵　卢　超　包竞宇　司宏煜　闫立军
　　　　　闫立红　闫晓娟　许文艳　孙计维　孙双印　孙敬伟
　　　　　孙朝辉　孙鹏程　李金龙　李金宝　杨占阳　宋洪祥
　　　　　宋艳慧　宋振刚　宋皓冉　宋琳丽　宋鑫阳　张凤宇
　　　　　张　立　张　勇　张海军　张海丽　张维征　张　楠
　　　　　张　馨　陈　颖　陈　璐　武晓光　岳志娟　周　洋
　　　　　赵克礼　荆楚乔　胡　健　胡德军　郗建坤　秦玉红
　　　　　敖文悦　贾　慧　夏　星　徐　颖　高　岩　郭玲玲
　　　　　黄跃新　常慧娟　麻艳国　韩　冬　傅晓峰　薄　涛

统　　稿：李晓靖　张　磊

指导专家：唐宏亮　刘　洵

前言

　　河北省塞罕坝机械林场于 1962 年由林业部批准建立，是河北省林业和草原局直属大型国有林场和国家级自然保护区，总经营面积 140 万亩。林场地处河北省最北部，内蒙古高原浑善达克沙地南缘，属于森林—草原交错带，海拔 1010~1939.9 米，主要树种有落叶松、樟子松、云杉、白桦等。

　　历史上，塞罕坝曾是一处天然名苑，水草丰美、森林茂密，是清朝皇家猎苑"木兰围场"的重要组成部分。由于清朝末年的开围放垦、连年战争和山火，塞罕坝原始自然生态遭到严重破坏。到中华人民共和国成立前夕，原始森林荡然无存，变成了风沙漫天、草木凋敝的茫茫荒原。

　　半个多世纪以来，三代塞罕坝人艰苦创业、接续奋斗，建成了世界上面积最大的人工林场，创造了荒原变林海的人间奇迹，铸就了牢记使命、艰苦创业、绿色发展的塞罕坝精神。塞罕坝机械林场有林地面积由建场初的 24 万亩增加到现在的 115.1 万亩，森林覆盖率由 11.4% 提高到现在的 82%，林木蓄积量由 33 万立方米增加到现在的 1036.8 万立方米。林场湿地面积 10.3 万亩。这里是滦河、辽河两大水系重要水源地，每年涵养水源 2.84 亿立方米，固定二氧化碳 86.03 万吨，释放氧气 59.84 万吨。这里的森林资产总价值为 231.2 亿元，每年提供的生态系统服务价值达 155.9 亿元，为京津冀筑起了一道牢固的绿色生态屏障。

　　河北省林业和草原局、河北省塞罕坝机械林场曾组织中国林业科学研究院、北京林业大学、河北农业大学、河北师范大学、国家林业和草原局调查规划设计院等单位的专家，多次对林场进行自然资源调查研究，并得到了多项科研项目和课题的资助，出版了《塞罕

坝植物志》(1996)、《塞罕坝森林植物图谱》(2010)、《塞罕坝动物志》(2011),编撰了《河北塞罕坝自然保护区科学考察报告》(2003)、《河北塞罕坝国家级自然保护区综合科学考察报告》(2015),并发表了相关研究论文等。这些项目和课题成果的取得为林场本底资源研究积累了丰富的第一手资料,对促进塞罕坝地区自然资源的研究和保护起到了十分重要的作用。

近年来,塞罕坝机械林场有关技术人员与北京林业大学、河北大学、河北农业大学等单位的专家,对林场生物多样性进行了调查。通过实地调查、标本采集、图片影像采集、整理鉴定,进行资料统计与分析,结合多项研究课题成果,编写完成本书,共收录植物124种、动物38种,以图文并茂的形式对这些野生动植物进行全面介绍,包括中文名、学名、保护等级、识别要点、形态特征、生境分布、用途等。这是一部实用性工具书,蕴含着较高的学术价值和较强的实用价值,为植物学、动物学等各分支学科研究提供重要支持,并为合理开发利用塞罕坝野生动植物资源提供了重要基础信息和科学依据,对高寒地带生物多样性研究将起到一定促进作用,对我国生态文明建设将做出重要贡献。

限于编者水平,加之时间仓促,书中不妥和疏漏之处在所难免,恳请各位专家批评指正,以臻完善。

编者

2023 年 9 月

目录

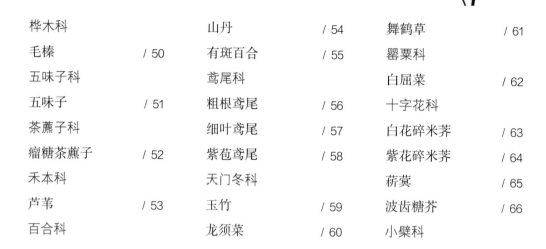

植物篇

绪论
塞罕坝机械林场自然概况

一、林场地理位置

河北省塞罕坝机械林场位于河北省承德市围场县，地处内蒙古高原的东南缘、阴山山脉和大兴安岭余脉的交汇地带，可分为坝上和接坝山区两个部分。地理坐标为北纬41°35′~42°40′，东经116°32′~118°14′，北与内蒙古自治区的克什克腾旗、多伦县接壤，西与御道口牧场相邻，东、南与围场县的姜家店、宝元栈、哈里哈、大唤起、棋盘山5个乡（镇）相连，距承德市240km，距北京市460km。地貌上界于内蒙古熔岩高原和冀北山地之间，主要是高原台地。该地区属于内蒙古高原东南缘与大兴安岭和冀北山地的交汇地带，植被上呈森林和草原镶嵌排列，是典型的大尺度林草交错区。地貌类型复杂多样，包括高原丘陵、坝缘山地、曼甸、沼泽湿地、河流等。海拔高度1010~1939.9m，总经营面积140万亩。

二、自然地理环境概况

（一）地质

林场地质上属于内蒙古台背斜。其褶皱以宝元栈向斜为主，断裂带以北西向与北东向断裂交叉并生为特点。

（二）地貌

林场地貌界于两个一级单元，即（内蒙古）熔岩高原和（冀北）山地之间，主要是高原台地。该区的地形地貌组合为高原—波状丘陵—漫滩—接坝山地。地形大体上可分为如下两种类型。

1. 熔岩高原丘陵地形

分布于林场的东部和东北部，由第三纪汉诺坝组玄武岩流盖层所覆盖，构成了表面地势呈波丘状的熔岩台地。台地顶端通常较平缓，地表坡度一般在15°以下。台面上多覆盖着薄层残积亚砂土，基岩裸露很少。

2. 熔岩高原丘陵平原

分布于林场的西部和北部，属堆积地形，主要由冲积的砂、砂砾和亚砂土组成；地势比较平坦；河曲发育明显，嵌入冲积层 2~3m；河漫滩大面积沼泽化，在河流两岸有阶地断续出现，以土里根河一带的较典型，一级阶地高出河床 2~3m，二级阶地高出河床 5~8m，三级阶地高出河床 15m，以二级阶地发育较好。

（三）气候

林场气候属寒温性大陆季风气候，全年气候的特点是冬季漫长，低温寒冷；春季错后，干燥多风；夏季不明显，光照强烈；无霜期短，昼夜温差大；降水量少；风多且大，易春旱，蒸发潜量大于降水量；大风、沙暴、干旱、霜冻等灾害性天气比较多。

本区年均气温 -1.3℃，极端最高气温 33.4℃，极端最低气温 -43.3℃；一年中冬季最长，计 230~240 天，约占全年的 2/3，春秋时间短，合计 130 天左右，无夏季。日平均气温 ≥0℃ 的年积温为 2072.8℃，≥5℃ 的年积温为 1957.1℃，≥10℃ 的年积温为 1643.7℃。年平均日照时数为 2548.7h，日照率为 57%。

降水以降雨为主，降雪为辅，年均降水量 479mm，最大年降水量 636mm，最小年降水量 258mm，年均降水日数 134 天。10 月至次年 5 月降水较少，降水量仅占全年降水量的 23.2%，多以降雪的形式出现。年均蒸发量为 1339.2mm，年均相对湿度为 68.8%。

年均无霜期 64 天，终霜期为 5 月 27 日—7 月 27 日，初霜期为 7 月 1 日—9 月 9 日。春季地面增温较快；秋季地温下降迅速；冬季地温很低，且持续时间很长。地表约在 10 月中下旬冻结，解冻期约在翌年 4 月中下旬，冻结期为 180 天左右；11 月至翌年 3 月平均地温在 -8℃ 以下，最大冻土深度 143cm（1991—2002）。

多风、风级高是本区气候的特点之一，年均 5 级以上的大风日天数为 68.7 天，天数最多的年份达 119 天（1966 年），天数最少的年份 41 天（1961 年）。除 7—8 月风速较小之外，其余月份风较多且风力较大。

（四）水文

1. 地下水

本区水文地质的特征是：基岩裂隙水及第四纪松散物中的潜水发育良好；地下水主要补给来源以大气降水为主，地下水补给模数大于 104m³/km²。

本区玄武岩基岩有气孔构造，裂隙发育，能储存大气降水，因而称为储水层。本区玄武岩地层有广泛的裂隙水，裂隙水埋藏深度一般在 120m 以内；在第四纪覆盖物较厚的地区也有一定量的潜水，埋藏深度在 5~25m 不等。单井最大涌水量在 25~250m³/d。本区地下水矿化度一般为 0.5~1g/L，个别地区<0.3g/L 或在 0.3~0.5g/L。水化学类型主要为 HCO_3^-、SO_4^{2-}、Ca^{2+}、Mg^{2+} 型及 HCO^{3-}、SO_4^{2-}、Na^+、Ca^{2+} 型。水硬度一般小于 10.8 德国度，为微硬淡水，pH 值为 7~8。本区的地下水净贮量为 1020 万 m³，渗透系数 25m/d，调节贮量 165 万 m³。

2. 沼泽蓄水

滩地、凹地、沟谷及河流沿岸广泛沼泽化，地表水及浅层潜水比较丰富。大部分沼泽地地上积水为 10~15cm。泡淖积水最深 500cm。沼泽地与滩地地表蓄水量为 500 万~600 万 m³。

3. 内陆河与泉水

本区内陆河岔较多，流程较短，多数水源补充入就近的沼泽或滩地。泉眼是地下水变为地表水的载体。本区的泉水直接输入沼泽湿地，就地循环，只有一部分汇入地表河流流出区外。

4. 阴河支流

本区东部为阴河支流的源头，区内汇水面积约为 15km²。数条小支流汇合后形成阴河上游，汇水流量 0.05m³/s，折合 180m³/h；全年向阴河注入 64.80 万 m³ 的水。

阴河是辽河的源头积水区，经赤峰汇入老哈河，后与西拉木伦河会合，流经通辽，注入西辽河，与东辽河汇合形成辽河后再注入辽东湾。

5. 吐力根河支流

本区中北部为吐力根河的上游，有六条支流汇入吐力根河，区内汇水面积约 75km²，汇水流量 0.16m³/s，折合 576m³/h；每年向吐力根河注入约 207.36 万 m³ 的水。

6. 撅尾巴河源头

林场东南部一带是撅尾巴河的发源地，区内汇水面积约为 22km²，汇水流量 0.10m³/s，折合 360m³/h；全年向撅尾巴河输入 129.60 万 m³ 的水。

吐力根河、撅尾巴河均为滦河上游小滦河的源头，汇入滦河后注入渤海湾。

（五）土壤

1. 成土母质

林场内的土壤母质主要有如下几种类型。

（1）坡积物。坡积物母质多为玄武岩或凝灰岩的破碎物，一般在山的上部堆积的较薄，物质较粗；山下部堆积的较厚，最厚可达 1.5m，物质较细。

（2）残积物。残积物为残留原地的岩石碎屑或粗石英砂，该类母质一般分布在山地上，多为玄武岩或凝灰岩残屑，发育的土壤一般较薄，厚仅 12~30cm。

（3）洪积物。洪积物母质是指由于洪水的搬运作用而积聚的岩石碎块及其碎屑，分布在沟谷出口处，常形成扇形洪积区，分选性较差。

（4）冲积物。冲积物母质分布在河流两岸，有明显的分层性，层相颗粒粗细较均匀。

（5）湖淖沉积物。该类母质分布在水泡子周围，沉积物颗粒细腻，有较均匀的层次，形成的土壤质地黏重，有机质含量高，多呈暗灰色或青灰色。

（6）风积物。风积物是风化的岩石碎屑或沙砾经风吹扬作用而沉积形成的母质。风积物母质上形成的土壤颗粒均匀、细致，石英砂含量很高。

2. 土壤类型与分类

林场的土壤共有六大土类（棕壤土类、灰色森林土类、草甸土类、沼泽土类、黑土类、风沙土类），11 个亚类，18 个土属，32 个土种。

棕壤土（有棕壤亚类、生草棕壤亚类、草甸棕壤亚类、棕壤性土亚类），主要分布在坝缘山地。灰色森林土（有灰色森林土亚类、暗灰色森林土亚类），分布在森林与草原的过渡地带，主要分布在坝上。草甸土（有草甸土亚类），主要分布在山谷低洼处。沼泽土（有沼泽土亚类、草甸沼泽土亚类），主要分布在坝上低洼滞水处。黑土类（有黑土亚类），主要分布在亮兵台东北部，有机质层较厚，淋溶脱钙现象明显，微酸性。风沙土（有风沙土亚类），主要分布在三道河口一带。

本区土壤分布特点复杂，土壤由低到高分布的顺序是：棕壤土—灰色森林土—黑土。水平分布上，东部为黑土，中部为灰色森林土，西部为风沙土。

三、自然资源概况

（一）植物资源

林场景观独特，高原山地兼有，森林草原并存，区域生态环境复杂多样，植物种类繁多，是华北地区具有丰富植物种类的地区之一。据调查统计，可知已发现的分布的植物有 659 种，隶属于 124 科 357 属。高等植物以菊科、蔷薇科、禾本科、豆科、毛茛科、唇形科、萝科、百合科、十字花科、石竹科、玄参科、杨柳科、藜科、伞形科和莎草科植物种类最为丰富。林场木本植物以桦属、松属、落叶松属、云杉属、栎属、杨属林木为主，构成林场森林植被的建群种或优势树种。

林场植被主要由针叶林、阔叶林、灌丛、草丛、草甸和沼生植被组成，可划分为 6 个植被型组、8 个植被型、10 个群系组、21 个群系。

林场有很多植物具有重要的经济价值，包括用材植物 28 种、观赏植物 236 种、药用植物 263 种、纤维植物 29 种、鞣料植物 40 种、野菜植物 33 种、淀粉植物 16 种、油脂植物 43 种、芳香植物 14 种、饲用植物 34 种、有毒植物 42 种。

林场有国家级重点保护野生植物 9 种，其中，国家一级重点保护野生植物 1 种，国家二级重点保护野生植物 8 种。

此外，林场还分布有大型真菌（蘑菇）179 种。

（二）动物资源

1. 脊椎动物

林场动物地理区划位置上隶属古北界蒙新区和华北区的交汇地带。林场脊椎动物共计 261 种，隶属于 5 纲 28 目 72 科 158 属，其中，硬骨鱼纲 4 目 5 科 13 属、两栖纲 1 目 3 科 4 属、爬行纲 2 目 5 科 7 属、鸟纲 15 目 46 科 106 属、哺乳纲 6 目 13 科 29 属。林场脊椎动物各类群的种数分别占河北省硬骨鱼纲、两栖纲、爬行纲、鸟纲和哺乳纲的 6.16%、50%、41.67%、45.71% 和 40.23%。林场陆生脊椎动物分布型复杂多样，共有 13 种类型，占我国陆生脊椎动物分布型总数的 76.47%。林场上以古北型种类为主，其次为东北型（东北地区或附近地区）和全北型，体现了较明显的北方型特征，亦反映了地理分布由北方型向东北型过渡的特性。此外，喜马拉雅-横断山型、高地型和南中国型种类最少，分布广泛、难以确定的种类较多。林场陆生脊椎动物分布呈现出以北方种类为主、各类型物种混杂的局面。林场有国家一级重点保护野生动物 3 种、国家二级重点保护野生动物 30 种；《濒危野生动植物物种国际贸易公约》（CITES）附录 I 物种 2 种、附录 II 物种 26 种；世界自然保护联盟（IUCN）濒危物种红色名录濒危（EN）物种 2 种、易危（VU）物种 6 种、近危（NT）物种 7 种；中日保护候鸟协定物种 84 种；中澳保护候鸟协定物种 17 种；国家保护的有益的或者有重要经济、科学研究价值的野生动物 178 种。

2. 昆虫资源

河北省塞罕坝机械林场的昆虫有 660 种，隶属 15 目 128 科 414 属，其中以鳞翅目、鞘翅目、半翅目和双翅目种类居多，占总种数的 76.64%。昆虫区系具有较明显的古北界特征。

动物篇

鸟类

凤头潜鸭

Aythya fuligula

识别要点　雄鸟除腹、两胁及翼镜等为白色外，全身羽色均黑；头上具长形冠羽。雌鸟与雄鸟羽色相似，但黑色部分为褐色所代替，腹部白色带褐。

生　　境　活动于内陆河流、池塘，以及其他的开阔水面。它们主要在白天取食，夜间栖息于近岸的软泥滩，或在离岸不远的水面上漂浮。善于游泳和潜水，可潜入水下数米觅食，一般能潜入水中 3~5 分钟。

趣味知识

以动物性食物为主，取食软体动物（尤其喜食旧螺等）、虾、蟹、小鱼、蝌蚪等，亦采食水藻、水草、草籽等植物性食物。

红头潜鸭
Aythya ferina

识别要点　雄鸭的头和颈栗红色；上背和胸黑色；下背与两肩灰色，杂以明显的黑色波状细斑；翼镜灰色；腹灰色。雌鸭的头和颈棕褐色；胸暗黄褐色；腹部灰褐色；其余部分与雄鸭相同。

生　　境　内陆性候鸟，常见于芦苇丛生和掩盖条件较好的水面，沿海一带少见。在非繁殖期，集成大群，有时还和凤头潜鸭混群，活动于湖泊、沼泽和其他开阔水面。

趣味知识

红头潜鸭很善于潜水，往往潜入深水中觅食，常在水中互相追击潜水。飞行迅速，在陆地上行走则比较困难。

白眉鸭

Anas querquedula

识别要点　体形大小似绿翅鸭。雄鸭头和颈大都为杂有白色细纹的淡栗色，宽阔白眉很显明。这一特征易与绿翅鸭区别。两肩与翅蓝灰色；翼镜灰褐闪绿色；胸棕黄色，而杂以暗褐色波状斑；腹白色。雌鸭白眉不显，翼镜似雄鸭，但绿色不显著；上体大都黑褐色；下体白而带棕色，上胸较下体更棕而散有褐色斑。

生　　境　越冬期间，白天栖于湖泊、池塘的水面上或河畔、湖泊的浅水处，夜间觅食。主要吃植物种子，尤喜吃谷物及麦类，也吃少量动物性食物。

趣味知识

白眉鸭在越冬期是主要产业鸟之一。由于它们结群密集，常能狩猎很多。体型较小，体羽还可做鸭绒。雄鸭的内侧肩羽及次级飞羽等均可供做饰羽。数量多时，在个别地区对农作物有一定的害处。

赤膀鸭
Anas strepera

识别要点 体型较家鸭略小。雄鸭上背暗褐色，杂以白色波状细斑，向后转为纯暗褐色；胸褐色而有新月状白斑；腹白色；尾上、尾侧及尾下覆羽均绒黑色；翼镜呈黑白色，没有光泽。雌鸭上体大多暗褐色，而具棕白色斑纹；翼镜不显著；下体棕白色，大部分杂以褐色斑。

生　境 大多出没于丛生水生植物的河流、草原中的小湖里以及各种类型水域的沿岸一带；有时结成 10~20 只的小群，或三三两两在碧波上游荡。清晨和黄昏觅食于田野中。

趣味知识

赤膀鸭食物以植物性物质为主，特别是在春季，绿色植物占 90% 以上，兼食谷物、浆果及杂草种子等。

白骨顶

Fulica atra

识别要点　中型游禽，像小野鸭，常在开阔水面上游泳。全体灰黑色，具白色额甲，趾间具瓣蹼。

生　　境　栖息于水库、湖泊、河流及其周围的芦苇丛、灌木丛、草丛和沼泽地中，以水库、湖泊等开阔的水域中更为常见，且大部分时间在水面游泳，与一般秧鸡类有别。

趣味知识

白骨顶游泳时尾部下垂，头前后摆动，遇有敌害能较长时间潜水。

反嘴鹬
Recurvirostra avosetta

识别要点 体高（43cm）的黑白色鹬。成鸟前头、头顶、后头、后颈上部和眼先等均黑褐色，腿灰色，黑色的嘴细长而上翘。飞行时从下面看，体羽全白，仅翼尖黑色。

生　　境 善游泳，能在水中倒立。飞行时不停地快速振翼并进行长距离滑翔。成鸟做伴装断翅状的表演以将捕食者从幼鸟身边引开。

趣味知识

　　反嘴鹬的觅食情形很特殊，它们会用向上翻的长嘴在海滨泥涂或沙滩中反复地扫掠，搜觅蠕虫或小甲壳类为食，因此常在泥涂或沙滩表面留印下半月形的长嘴痕迹，易被人们辨认。

灰头麦鸡

Vanellus cinereus

识别要点 体形中等。眼先具黄色肉垂；头和颈灰色，背羽淡赭褐色。尾上覆羽及尾羽白色，尾羽具宽阔的黑色次端斑；初级飞羽黑色，次级飞羽白色。颏、喉及胸烟灰褐色，胸部下缘以黑褐色，形成半圆形胸斑。下体余部白色。翅角上有小突起（类似于角质距）。具弱小的后趾。

生　　境 多成双或结小群活动于开阔的沼泽、水田、耕地、草地、河畔或山中池塘畔，迁飞时常 10 余只结群。

趣味知识

喜欢长时间地站在水边半裸的草地和田埂上休息，或不时双双飞入空中，盘旋一会儿再落下。飞行速度甚慢，有时还和凤头麦鸡一起活动。

金斑鸻
Pluvialis fulva

识别要点　嘴形直，端部膨大呈矛状。冬羽：上体满布褐色、白色和金黄色杂斑；下体亦具褐、灰和黄色斑点。飞行时，翅尖而窄，尾呈扇形展开。夏羽：额白色，向后与眼上方宽阔的白斑汇合，向下与胸侧相连；上体余部淡黑褐并密杂以金黄色点斑；下体从喉至腹呈黑色。腋羽灰褐色。后趾缺如。

生　　境　喜结小群活动于海岸线、河口、盐田、稻田、草地、湖滨、河滩等处，善于在地上疾走。取食昆虫（鞘翅目、直翅目、鳞翅目等）、软体动物、甲壳动物等。飞行迅速而敏捷，极善于跨洋长途迁徙。

趣味知识

金斑鸻性羞怯而胆小，见人立即跑开，边飞边叫。活动时常不断地站立和抬头观望，极为谨慎小心。

金眶鸻

Charadrius dubius

识别要点 额基具黑纹，并经眼先和眼周伸至耳羽形成黑色穿眼纹。眼眶金黄色。前额、眉纹白色。头顶前部有黑色宽斑，具完整的黑色领环。嘴黑色。上体棕褐色，下体白色。

生　　境 单个或成对活动于近水的草地、盐碱滩、多砾石的河滩、沼泽和水田等地。常急速奔跑一段距离后稍事停息，再向前快速奔走。主要以动物性食物为食，亦吃少量草籽等植物性食物。

趣味知识

金眶鸻的雏鸟具有早成性，出壳后不久即能行走，不到1个月即能随亲鸟飞行。

东方鸻
Charadrius veredus

识别要点 小型涉禽。繁殖期雄鸟的额、眼上、面颊和颈白色。上体包括头顶和枕部土褐色。胸部棕栗色或褐色，下缘有较宽阔的黑色环斑。腹部白色。展翅时翼下暗色。脚黄色或者橙黄色。

生　境 栖息于河口、海滩及远离水源的岩石山谷、干旱草原、砾石平原和耕地，冬季出现在海湾、滩涂和海岛。食物有甲壳类、昆虫等。

趣味知识

东方鸻奔跑速度甚快；飞行很有力，快而高，常常突然转变方向。

白腰杓鹬

Numenius arquata

保护等级　国家二级重点保护野生动物

识别要点　头、颈、胸黄褐色，密布黑褐色斑纹。眉纹不显，眼先或有暗色斑。嘴黑褐色，特长，显著下曲。颏白色。上体灰褐色，多缀黄褐色羽缘。腰白色。下体淡褐色，两胁多黑褐色条纹。

生　　境　白腰杓鹬常见于海边、河口、河岸、内陆沼泽、盐湖及附近的农田、弃耕地和草原。迁徙季节喜欢集群活动。

趣味知识

白腰杓鹬卵的形状较为特别，呈梨形，灰橄榄绿色，带褐色斑点。

大杓鹬
Numenius madagascariensis

保护等级　国家二级重点保护野生动物，世界自然保护联盟（IUCN）濒危物种。

识别要点　体型硕大，嘴甚长而下弯，比白腰杓鹬色深而褐色重，颈、胸、翼密布黑褐色条纹，下体皮黄。飞行时展现的翼下横纹不同于白腰杓鹬的白色。

生　境　喜沿海泥滩、河口潮间带、沿海草地、沼泽及多岩石海滩，通常结小至大群，常与其他涉禽混群。

趣味知识

叫声似白腰杓鹬但音调平缓，如 coor-ee；不安时发出刺耳的 ker ker-ke-ker-ee 声。

红脚鹬

Tringa totanus

识别要点　羽色变化复杂多样。嘴红色而端黑，相对较短，嘴峰长度只稍大于头长（嘴基至枕后）。上体灰褐色或泛棕黄色，密布黑色和黑褐色的斑纹。下背、腰纯白色。初级飞羽黑色，次级飞羽白色。尾上覆羽和尾羽白色，具黑褐色横斑。下体翼下白色。腿与脚鲜红色。喜欢鸣叫。

生　　境　红脚鹬是北方内陆地区最常见的一种鹬。多成对或集群栖于杂草丛生的沼泽、小溪、湖边、河岸、稻田和水塘附近，也见于海滨、河口滩涂等地。觅食鱼、虾、水生昆虫等。

趣味知识

　　红脚鹬的羽色变化十分复杂多样，上背基本的色调有灰色、褐色、红褐色、灰褐色和黑褐色等，各部位羽毛上的暗色斑纹也变化多端。因此，其亚种划分比较混乱，约有 10 个亚种，至今尚没有统一的认识。

红颈滨鹬

Calidris ruficollis

识别要点 小型鹬类。繁殖期面部、颈、上胸红棕色。头顶、后颈和背部密布栗棕色、黑色和灰褐色纵纹。额与嘴基周围白色。嘴短而直。下胸至腹、胁、尾下覆羽白色。中央尾羽黑褐色，两侧苍灰色。趾基间无蹼。

生　　境 红颈滨鹬繁殖地在北方苔原地区。在中国是旅鸟。迁徙季节见于海岸线与潮间带、河口三角洲、水田、盐田、浅水沼泽及内陆的各种湿地。

趣味知识

2023 年 1 月，世界自然保护联盟濒危物种红色名录将红颈滨鹬列为易危级（VU）物种。

普通燕鸻

Glareola maldivarum

识别要点 中等体长，翼长，叉形尾。上体棕灰褐色；尾上覆羽的白色十分明显。下体前部棕褐，向后渐变为白色。翼下覆羽和腋羽栗红色。翅尖长如燕；叠合时，翼显著比尾尖长出许多。尾呈叉状。

生　境 栖息于河床、河口、沼泽、耕地、稻田和草地等。喜欢集群，常发出短促的"嘀里—嘀里"的叫声。

趣味知识

普通燕鸻的卵为黄灰色、土灰色或乳白色，被有暗褐色、灰色或棕黑色斑点，尤以钝端较密。

黑鹳

Ciconia nigra

保护等级　国家一级重点保护野生动物

识别要点　大型涉禽。头、颈、脚均长。头、颈和上体黑色，下体白色。嘴和脚红色。

生　　境　活动在江河、溪流、湖泊、池塘等水域岸边和附近沼泽湿地，也出现于山地森林和荒原地带。善行走，亦善飞行。行走步履轻盈矫健，常沿水边浅水处来回徘徊并取食，也常在觅食地或巢区上空飞翔盘旋。

趣味知识

黑鹳是一种大型珍稀鸟类，体态优美，具有很高的观赏价值和经济价值。目前数量稀少。

普通翠鸟
Alcedo atthis

识别要点 体小。上体金属浅蓝绿色，颈侧具白色点斑；下体橙棕色，颏白。幼鸟色黯淡，具深色胸带。橘黄色条带横贯眼部及耳羽为本种区别于蓝耳翠鸟及斑头大翠鸟的识别特征。

生　境 常出没于开阔郊野的淡水湖泊、溪流、运河、鱼塘及红树林，栖于岩石或探出的枝头上，转头四顾寻鱼而入水捉之。

趣味知识

普通翠鸟因嗜食鱼虾等，数量多时对养鱼业有一定危害。

鹗

Pandion haliaetus

保护等级　国家二级重点保护野生动物

识别要点　中等体型，雌雄相似。头及下体白色，特征为具黑色贯眼纹。上体多暗褐色，深色的短冠羽可竖立。亚种区别为头上白色及下体纵纹多少。

生　　境　分布广泛但一般罕见。留鸟分布在中国多数地区，夏候鸟于东北及西北。捕鱼之时，从水上悬枝深扎入水中捕食猎物，或在水上缓慢盘旋或振羽停在空中然后扎入水中。

趣味知识

　　鹗对巢中的雏鸟可以说是关怀备至，如果有大型的雕类、鸥类天敌企图偷袭，它就会飞到巢的上空，摇摆不定、假装就要摔下来的样子，同时发出"切利利，切利利"的叫声，分散天敌的注意力，直到把它们引走。

黑鸢

Milvus migrans

保护等级 国家二级重点保护野生动物

识别要点 体羽主要呈黑褐色杂以棕白色；飞羽基部白色，形成翅下明显斑块，飞翔时尤为显著。

生　　境 栖息于开阔平原、草地、荒原和低山丘陵地带，也会在城郊、村屯、田野、港湾、湖泊上空活动，常单独长时间翱翔天空，飞翔时且飞且鸣。

趣味知识

黑鸢是一种常见的猛禽，在山区或平原，农村或城镇都容易发现，由于翅膀底部有白斑和尾羽端部呈叉形，很易识别。

楔尾伯劳

Lanius sphenocercus

趣味知识

楔尾伯劳的喙十分强健，先端具钩、缺刻和齿突。

识别要点　大型伯劳，上体灰色，额基白色，略染淡棕，有鲜明而宽的眼上纹，中央尾羽及翅羽黑色，初级飞羽具大型白色翅斑，尾特长，凸形尾。

生　　境　栖息在平原、山地、河谷的林缘及疏林地带，尤以草地林地和半荒漠疏林地带为多。除以昆虫为主食外，常捕食小型脊椎动物，例如蜥蜴、小鸟及鼠类，能长时间追捕小鸟，抓捕后就地撕食或将其刺挂于树的尖桩上撕食。

红尾伯劳

Lanius cristatus

识别要点　雄性成鸟，额至头顶前部为淡灰色，自后头至上背、肩羽逐渐转为褐色；下背、腰和尾上覆羽棕褐；尾羽棕褐，具有多数深褐色的隐横斑。自嘴基至眼先过眼有一宽阔的黑纹，直达耳区；眼上有白色眉纹后延至耳羽上方。初级飞羽不具翅斑。

生　境　红尾伯劳为广布于我国的温湿地带森林鸟类，为平原、丘陵及低山区的常见种，尤以在低山丘陵地的村落附近数量更多。

趣味知识

红尾伯劳喜食蝼蛄、蝗虫和地老虎，也捕捉蜥蜴，是我国分布广、数量多的重要食虫益鸟，应严加保护。

松鸦

Garrulus glandarius

识别要点　体羽大都红棕色沾紫、棕灰色沾紫或淡褐棕微沾紫色。翅具黑、蓝、白相间的横斑；尾上覆羽纯白色，在观察到它在林间飞行时首先会看到此白色横带。下体红棕色，颏、喉、肛周色浅淡。

生　境　松鸦是山地森林鸟类。终年栖息活动于针叶林、针阔混交林和林缘灌丛中，秋后也游荡寻食于低山区居民点附近四旁树林及果园疏林。

趣味知识

松鸦性格机警。常栖息于树顶枝间，以树枝叶遮挡身体不动，所以较难被发现。遇惊时穿林而飞，遇危或寻食活动的其他鸟类，则发出叫声呼唤同伴群起而攻，直至把异种鸟赶走。

小嘴乌鸦
Corvus corone

识别要点　全身黑色，上体具蓝紫色闪光，翅上覆羽尤其显著。嘴较大嘴乌鸦的纤细一些。

生　　境　多栖息于山林深处的原始林。分布范围比大嘴乌鸦小，林缘疏林和村落农田附近极为罕见，亦极少见其集结成群，一般在林内单独或成对活动。

趣味知识

小嘴乌鸦平时常在树上或电柱上停息，但觅食时却多在地面上快步走或慢步行走，很少跳跃，显得十分悠然自得。

喜鹊
Pica pica

识别要点　通体除两肩、初级飞羽内翈和腹部为白色外，概黑色。翅具金属蓝色和绿色光泽；尾羽长，具金属蓝色、紫色、铜绿色、紫红色光泽。飞行时翅上白斑极显露，易于识别。

生　　境　喜鹊是各地常见的鸟，除密林及荒漠外，无论山区、平原、草原及河流湖泊岸边，还是乡村或城市，只要有人们从事农、牧业经济活动的地方，都可见其踪迹。

趣味知识

　　喜鹊是我国人民群众喜闻乐见的鸟类。《禽经》上有"人闻其声则喜"，《西京杂志》上有"千鹊噪而行人至"的记载，欧阳修写有"鲜鲜毛羽耀明辉，红粉墙头绿树林。日暖风轻言语软，应将喜报主人知。"元朝刘因写有"马蹄踏水乱明霞，醉袖迎风受落花。怪见溪童出门望，鹊声先我到客家"等诗句。大众口头传诵的有"喜鹊叫、客人到""喜鹊叫喳喳，喜事到我家"等歌谣，故有"喜鹊"和"客鹊"之雅名。

红嘴蓝鹊

Urocissa erythrorhyncha

识别要点 体形中等，红嘴、长尾、蓝羽，鸣叫声嘈杂多变，飞翔时飘逸滑翔，在野外易于识别。

生　境 栖息于阔叶林中，针阔混交林中也能见到，但纯针叶林中见不到，常见于 500~3500m 的海拔高度，常于河流两岸的林间飞翔觅食，或于山区林缘耕地上觅食。

趣味知识

其鸣声多变，有时似画眉鸟的鸣声，有时似带有啸声，有时似喜鹊叫声但又较高而尖锐。总之其鸣声较一般鸟类的鸣声复杂而多变，即使长久在野外进行鸟类研究工作者有时也会迷惑。

山雀科

大山雀
Parus major

识别要点　体型与麻雀相似。头黑色，两侧具大形白斑；上体蓝灰，背沾绿色；腹面白色，中央贯以显著的黑色纵纹。鸣声为"呼伯、呼伯"或"呼黑、呼黑"，易与其他鸟类区别。

生　　境　通常栖息在山区阔叶林或针叶林间，夏季可见于海拔3000m左右的高山上，冬时降至平原地带的林间，在耕作区或庭园中亦能经常见到。

趣味知识

大山雀的常见俗名包括花脸王、呼呼黑、白面只等。

云雀
Alauda arvensis

识别要点 中等体型。上体呈较暗的沙棕色，满布显著的黑色纵纹，有一短的羽冠，一般在竖起时才易见到，最外侧一对尾羽几乎为纯白色。

生　　境 喜栖息于开阔的环境，故在草原地方和沿海一带的平原区尤为常见。多集群在地面奔跑，寻觅食物和嬉戏追逐活动，间或挺立并竖起羽冠。

趣味知识

云雀与鹨属禽鸟常相混一起觅食，但云雀栖止时，尾不摆动；飞行时朝天直升，鼓翅几次后折翅一下。而鹨类栖止时尾常上下摆动不已，飞行线呈波状，当一上一下时折翅一次，很有规律。

红喉姬鹟
Ficedula parva

识别要点　体形大小像麻雀。雄鸟上体灰黄褐色。繁殖期间，颊和喉橙红色。尾黑，外侧尾羽基部白色。展尾时，仍成一个明显黑色"T"字形，飞行时特别显著。雌鸟喉部白色。

生　　境　平时栖息于针叶树林、阔叶树林、混交林及灌木丛中，亦常见于耕地，村落附近及园圃间。性活泼，但甚畏怯，叫声低而婉转。

趣味知识

红喉姬鹟俗名为"黄点颏"，因雄鸟颏、喉至上胸成橙棕色，形成显著喉斑而得名。

褐柳莺

Phylloscopus fuscatus

识别要点 体型小，体长 110mm 左右。上体几呈纯橄榄褐色，不具翅上横斑，翅和尾暗褐色。下体近白沾棕。

生　　境 栖息于海拔 350~4500m 的山地森林、林线以上的灌丛，主要活动于河谷溪边的灌丛一带及耕地旁灌丛间，常在树枝间上下跳动。

趣味知识

常发出近似"达——达——"或"嘎叭——嘎叭——"的叫声。因而常被称作"达达跳"或"嘎叭嘴"。

红喉歌鸲

Luscinia calliope

保护等级　国家二级重点保护野生动物

识别要点　体形较麻雀稍大。雄鸟颏喉部赤红色，甚为鲜明，易于辨识；雌鸟体色与雄鸟相似，但颏喉部为白色。

生　境　典型的地栖鸟类。常在平原繁茂的薮丛或芦苇间跳跃着，或在附近地面奔驰，往往在距水不远的地方。觅食大多在地面上，随走随啄，但亦在苇草间和灌丛低枝上啄食。

趣味知识

雄鸟因具有显眼的赤红色颏喉部，并善于歌咏，既悦目又动听，故从前常有人笼养，是驰名中外的观赏鸟之一。

北朱雀

Carpodacus roseus

保护等级 国家二级重点保护野生动物

识别要点 雄鸟头顶深粉色而羽尖带珠白色；额、喉、下背和腰深粉色，翼斑为淡白粉色；雌鸟额淡橙色，颊和翕黄褐色；胸暖皮黄褐色，腰带粉红色。

生　　境 北朱雀在我国为冬候鸟，多栖息于山区针、阔叶混交林、阔叶林和丘陵的杂木林中，也见于平原的榆林、柳林中。

趣味知识

北朱雀的叫声是一种短促、柔和的哨音，鸣声洪亮而婉转，冬季也经常鸣唱。因而此鸟在东北和北京等地常被笼养，但成活率一般较朱雀低

金翅雀
Carduelis sinica

识别要点 雄鸟头顶至后颈灰；背棕褐；翅上具鲜亮黄色翅斑；喉绿黄；胸棕褐而斑杂黄色；尾下覆羽和尾羽基部亮黄色。额深橄榄绿色，头顶和后颈暗灰或暗橄榄褐色，腰金黄块斑；次级飞羽具白色宽边；下体大致暗黄色，飞时见到翅下一大黄斑。雄鸟与雌鸟相似，但羽色较暗淡，头顶至后颈多灰褐色且具暗色纵纹。

生　　境 冬季结小群活动于稀疏的针叶林内、村寨附近、路旁树上，杂木林中或侧柏树上。平时鸣声微而短促。以侧柏种子、油菜籽、杂草种子、豌豆等为食。栖息地为海拔 1500m 左右。

趣味知识

金翅雀羽色华丽，歌声轻柔，音韵美妙；具有保护价值，被列入《国家保护的有益的或者有重要经济、科学研究价值的陆生野生动物名录》。其资源状况为常见种。

栗耳鹀
Emberiza fucata

识别要点　头顶至后颈灰色，满布黑色纵纹；上体棕色，上背亦有粗著的黑色纵纹；耳羽栗红色；颏、喉黄白色；腹淡棕白色；尾羽黑褐，外侧两对尾羽，最外侧对尾羽端部具楔状白斑。雌鸟和雄鸟相似，但羽色较浅淡。

生　境　喜栖于低山区或半山区的河谷沿岸草甸。繁殖期间多成对或单独活动，冬季成群。主要以昆虫和昆虫幼虫为食。此外也吃谷粒、草籽和灌木果实等植物性食物。

黄雀

Carduelis spinus

识别要点 头顶黑色，具黄色眉纹；翕部绿而具黑纹；腰绿黄；尾上覆羽褐色而具绿端；飞羽大多黑褐色，各羽镶以黄绿色狭边和端缘；多数飞羽均杂以黄色羽基；中央尾羽黑，外侧尾羽基部黄而先端黑。下体大都绿黄色，喉部中央黑色；两胁和尾下覆羽均有黑纹；下腹白色。

生 境 常结群栖于山区针阔混交林和针叶林中。但在迁徙时多见于靠水的杂林中。性活泼，常在树冠处边飞边鸣；飞翔时可迅速旋转，鸣声响亮动听。食物主要是各种野生植物如松、桦等的种子和杂草种子，也兼吃小甲虫、蚜虫和其他昆虫的幼虫等。

趣味知识

黄雀是我国有名的笼鸟之一，常被饲养供作斗鸟。

灰鹡鸰
Motacilla cinerea

识别要点 喉部在夏季时为黑色，冬季则呈白色。眉纹棕白色，颈至腰及尾上覆羽转为黄绿色。中央尾羽黑色，具黄绿色的狭缘。外侧 3 对尾羽除第二对和第三对的外翈大部为黑色外均为白色。下体黄色，后爪弯曲、显较后趾为长。

生　境 一般活动在河流或离河流不远的各类生境中，如山区、河谷、池畔、岩石及林缘，有时亦出现在离河流不远的住宅和居民点附近。垂直分布范围较大，从海拔 400m 的山脚地带一直到 2300m 左右的高山荒原均有分布。

趣味知识

灰鹡鸰十分擅长伪装自己的巢穴，并且习惯于将巢安置在较为隐蔽的树洞、墙壁和石头缝隙中。筑巢材料通常就地取材，因此常因营巢环境不同而使巢材有所变化，特别是内垫物。如在林内营巢者，内垫物多系各种树皮纤维和野兽毛，而在居民点及其附近营巢者，则多以人类废弃的麻、毡、家禽和家畜毛作内垫。

白鹡鸰

Motacilla alba

识别要点　通体黑白相间，除胸部有黑斑外纯白；尾羽较长，呈黑色，最外侧两对尾羽，除内翈近基处具黑褐色羽缘外皆纯白，飞行时尤为明显；飞行轨迹呈波浪式曲线，停栖时尾不停地上下摆动。

生　　境　多在河、溪边、湖沼、水渠等处活动，在离水较近的耕地附近、草地、荒坡、路边等处也可见到。多成对或 3~5 只结群活动，在地上或水边奔驰觅食，有时在空中捕食昆虫。

趣味知识

白鹡鸰鸣声尖锐，但飞行不高，多离地 10m 左右。

兽类

梅花鹿
Cervus nippon

保护等级　国家一级重点保护野生动物

识别要点　一种中小型的鹿，大于鹿、小于马鹿。鼻面及颊部沙黄色。耳大直立。颈细长。躯干并不粗大。四肢细长。尾短。臀部有明显的白色块斑。仅雄性有角，年老者角分四叉，眉叉斜向前伸，第二叉与眉叉相距较远。冬毛厚密，栗棕色，白色斑点不显。尾背面深棕色，尾卜面及鼠蹊部白色。腹毛淡棕。夏毛薄，无绒毛。全身红棕色，白色斑点显著，在背脊两旁及体侧下缘的白斑排成两纵行。尾上面变成黑色。

生　　境　栖于混交林及山地草原和森林边缘附近。冬季多在山地的南坡，春秋季多在旷野，夏季常在较密的林子里，有时移至高山草原躲避蚊蝇。

趣味知识

　　梅花鹿的经济价值很大，历来为主要狩猎对象，又因可作名贵山珍、传统药材，故遭过度捕猎，致使各地野生梅花鹿种群消灭殆尽。此外，由于森林过伐、垦殖和人的活动半径不断扩大，它们的栖息地生境恶化，分布被分割缩小，分割的小社群间缺乏基因交换，遗传性状衰竭。其他如畜牧业发展，超负载的家养动物与它们竞相争食。诸多环境压力迫使它们现在的生存岌岌可危。

野猪
Sus scrofa

识别要点 外形与家猪相似，吻部十分突出。四肢较短。尾细。躯体被有硬的针毛。背上鬃毛发达，长约 140mm，针毛与鬃毛的毛尖大都有分叉。体重约 150kg，最大的雄猪可达 250kg 以上。成体长为 1~2m。雄比雌大。雄猪的犬齿特别发达，上下颌犬齿皆向上翘，称獠牙，露出唇外。雌猪獠牙不发达，毛色一般为棕黑色，面颊和胸部杂有黑白色毛。

生　　境 多栖息在灌木丛、较潮湿的草地或阔叶林及混交林中。

趣味知识

幼猪躯体呈淡黄褐色，背部有六条淡黄色纵纹，俗称花猪。

植物篇

毛榛
Corylus mandshurica

形态特征 灌木，高 3.1~4m。树皮暗灰色或灰褐色；枝条灰褐色，无毛；小枝黄褐色，被长柔毛，下部的毛较密。叶宽卵形、矩圆形或倒卵状矩圆形。雄花序 2~4 枚排成总状；苞鳞密被白色短柔毛。果单生或 2~6 枚簇生；坚果几球形，长约 1.5cm，顶端具小突尖，外面密被白色绒毛。

生境分布 塞罕坝普遍分布，生长于海拔 400~1500m 的山坡灌丛中或林下。

用　　途 种子可食。

五味子

Schisandra chinensis

形态特征　落叶木质藤本。除幼叶背面被柔毛及芽鳞具缘毛余无毛。幼枝红褐色，老枝灰褐色，常起皱纹，片状剥落。叶膜质，宽椭圆形、卵形、倒卵形、宽倒卵形或近圆形。雄花花梗长 5~25mm；花被片粉白色或粉红色，6~9 片，长圆形包含椭圆状长圆形；雄蕊仅 5（6）枚，互相靠贴。雌花花梗长 17~38mm；花被片和雄花相似；雌蕊群近卵圆形。聚合果，小浆果红色，近球形或倒卵圆形；种子 1~2 粒，肾形，淡褐色，种皮光滑。花期为 5—7 月，果期为 7—10 月。

生境分布　塞罕坝林区普遍分布，生长于海拔 1200~1700m 的沟谷、溪旁、山坡。

用　　途　为著名中药，果实含有五味子素及维生素 C、木脂素类及少量糖类，有敛肺止咳、滋补涩精、止泻止汗之效。其叶、果实可提取芳香油。种仁含有脂肪油，榨油可作工业原料、润滑油。茎皮纤维柔韧，可供制作绳索。

瘤糖茶藨子

Ribes himalense var. verruculosum

形态特征 叶较小，叶下面脉上和叶柄具瘤状突起或混生少数腺毛；总状花序长2.5~5cm；花近无梗；果红色。

生境分布 塞罕坝境内有分布，生长于海拔1600~4100m的山坡路边灌丛内、山谷云杉林和高山栎林下及林缘。

用　　途 可制作饮料、酿酒，同时也可用于绿化，具有较高的经济价值和生态价值。

芦苇

Phragmites australis

形态特征　多年生高大草木。秆直立中空，高 1~3m。叶 2 列，互生，叶片扁平，长 15~45cm，宽 1~3.5cm。圆锥花序长 20~40cm，宽约 10cm，分枝多数，长 5~20cm，着生稠密下垂的小穗。

生境分布　塞罕坝林区普遍分布，生长于江河湖泽、池塘沟渠沿岸和低湿地。

用　　途　根茎可入药，在净化水源、调节气候和保护生物多样性等方面具有其他植物不可替代的作用。

山丹

Liliu pumilum

形态特征 多年生草本。茎直立；叶互生，条形。花单生或数朵排成总状花序，鲜红色，下垂；雄蕊6枚，花丝长1.2~2.5cm；蒴果长圆形。花期为7—8月，果期为9—10月。

生境分布 塞罕坝林区普遍分布，多生于海拔1030~1800m的山坡草地或林缘。

用　　途 根茎可入药，有滋补强壮、止咳化痰、利尿等功效；植株可栽培供观赏；含挥发油，可提取香料。

有斑百合

Lilium concolor var. *pulchellum*

形态特征 多年生草本。叶互生，线状披针形，稍具缘毛。花顶生，直立，常具2~3朵花，偶见4~5朵花。花红色或橘红色，具紫色斑点；雄蕊6枚，花药紫红色。蒴果长圆形，室背开裂，具多数种子。花期为6—7月，果期为8—9月。

生境分布 塞罕坝林区普遍分布。多生于山坡草地上、林间或路旁。

用   途 鳞茎可食也可入药，具润肺化痰作用；是鲜切花原料；可栽培供观赏。

粗根鸢尾
Iris tigridia

形态特征　多年生草本。植株基部常有大量老叶叶鞘残留的纤维，不反卷，棕褐色。根状茎不明显，短而小，木质。须根肉质，有皱缩的横纹，黄白色或黄褐色。叶深绿色，有光泽，狭条形，膜质，无明显的中脉。花茎细，不伸出或略伸出地面；苞片 2 枚，黄绿色，膜质，内包含有 1 朵花；花蓝紫色，花梗长约 5mm。蒴果卵圆形或椭圆形；果皮革质，顶端渐尖成喙，枯萎的花被宿存其上；成熟的果实沿室背开裂至基部；种子棕褐色，梨形，有黄白色的附属物。花期 5 月，果期 6—8 月。

生境分布　塞罕坝林区普遍分布，生长于固定沙丘、沙质草原或山坡上。

用　　途　根、种子可入药，有清热解毒、养血安胎的作用。

细叶鸢尾

Iris tenuifolia

形态特征 多年生草本。根状茎细而坚硬。须根多数、细长、坚挺，棕褐色，铺散向下。植株基部存留有红褐色或黄棕色折断的老叶叶鞘。叶质地坚韧，丝状或狭条形，扭曲，无明显的中脉。花葶长 10~20cm，有鞘状退化叶，苞片稍膨大，呈窄纺锤形。花蓝紫色；花梗细；花被管细长，花被裂片长 4.5~5.5cm，外轮 3 片倒卵状披针形，内轮 3 片近等长，倒披针形，直立；雄蕊长约 3cm，花丝与花药近等长；子房细圆柱形，窄长，花瓣状，顶端 2 裂。蒴果卵圆形或近球形；种子深棕褐色。花期为 6—7 月，果期为 8—9 月。

生境分布 塞罕坝坝上林区有分布，生于沙丘、山坡和草原。

用 途 叶可制绳索或脱胶后制麻。

紫苞鸢尾
Iris ruthenica

形态特征　多年生草本。植株基部围有短的鞘状叶。根状茎斜伸，二歧分枝，节明显，外包以棕褐色老叶残留的纤维，直径 3~5mm。须根粗，暗褐色。叶条形，灰绿色，顶端长渐尖，基部鞘状，有 3~5 条纵脉。花茎纤细，略短于叶，有 2~3 枚茎生叶；花蓝紫色，外花被裂片倒披针形，有白色及深紫色的斑纹，内花被裂片直立，狭倒披针形。子房狭纺锤形。蒴果球形或卵圆形，成熟时自顶端向下开裂至 1/2 处；种子球形或梨形，有乳白色的附属物，遇潮湿易变黏。花期为 5—6 月，果期为 7—8 月。

生境分布　塞罕坝林区普遍分布，生长于向阳草地或石质山坡。

用　　途　可栽培供观赏。

玉竹

Polygonatum odoratun

形态特征　多年生草本。根状茎圆柱形，具节；茎直立，具7~12叶。叶互生，椭圆形或长卵圆形，先端尖。花序腋生，具1~4朵花，最多可达8朵；花白色至黄绿色，花被筒较直，雄蕊6枚，花丝着生近花被筒中部。浆果，球形，蓝黑色，具7~9颗种子。花期为5—6月，果期为7—9月。

生境分布　塞罕坝坝下林区普遍分布，多生于海拔1300~1800m的林下、林间、灌木丛或阴坡。

用　　途　根状茎可入药，有养阴润燥、生津止渴之效。

龙须菜

Asparagus schoberioides

形态特征 直立草本，高可达 1m。根细长。茎上部和分枝具纵棱，分枝有时有极狭的翅。叶状枝通常每 3~4 枚成簇，窄条形，镰刀状，基部近锐三棱形，上部扁平。鳞片状叶近披针形，基部无刺。花每 2~4 朵腋生，黄绿色；花梗很短；雌花和雄花近等大。浆果直径约 6mm，初为青绿色，熟时红色，通常有 1~2 颗种子。花期为 5—6 月，果期为 8—9 月。

生境分布 塞罕坝坝下林区普遍分布，多生于海拔 1010~1450m 的草坡或林下。

用　　途 全草可入药，有滋阴止血作用。

舞鹤草

Maianthemum bifolium

形态特征　多年生草本。根状茎细长，有时分叉，长可达20cm或更长。节上有少数根。茎高8~20cm，无毛或散生柔毛。基生叶叶柄长达10cm，到花期已凋萎；茎生叶通常2枚，极少3枚，互生于茎的上部，三角状卵形，先端急尖至渐尖，基部心形，弯缺张开，下面脉上有柔毛或散生微柔毛，边缘有细小的锯齿状乳突或具柔毛；叶柄长1~2cm，常有柔毛。总状花序直立，有10~25朵；花序轴有柔毛或乳头状突起；花白色，单生或成对；花梗细，顶端有关节。浆果直径3~6mm；种子卵圆形，种皮黄色，有颗粒状皱纹。花期为5—7月，果期为8—9月。

生境分布　分布于塞罕坝大脑袋山等地的高山阴坡林下。

用　　途　全草可入药，有润肺作用。

白屈菜
Chelidonium majus

形态特征　多年生草本，植株高 30~
90cm。主根粗壮，圆锥形，多侧根，暗
褐色。茎直立，多分枝，全株具黄色汁
液。叶互生，具长柄，单数羽状全裂，裂
片 5~7 枚，表面绿色，背面具白粉，疏
被短柔毛。伞形花序，花多数，花梗细
长，初被长柔毛，后无毛；萼片卵圆状，
2 枚，早落；花瓣 4，倒卵形，黄色全缘；
雄蕊多数，黄色。蒴果狭圆柱状，无毛，
通常具比果短的柄；种子卵形，多数，暗
褐色，表面具网纹。花期为 5—8 月。

生境分布　塞罕坝坝下林区普遍分布，多生于丘陵、山地林下或沟边湿地。

用　　途　全草可入药，有镇痛、止咳、平喘、消肿的作用。

白花碎米荠

Cardamine leucantha

形态特征 多年生草本，高 30~75cm。根状茎短而匍匐，着生多数粗线状、长短不一的匍匐茎，其上生有须根。茎单一，不分枝，有时上部有少数分枝，表面有沟棱、密被短绵毛或柔毛。总状花序顶生；花梗细弱；花瓣白色，长圆状楔形；花丝稍扩大。长角果线形。果瓣散生柔毛，毛易脱落；果梗直立开展。种子长圆形，栗褐色，边缘具窄翅或无。花期为 6—7 月，果期为 7—8 月。

生境分布 分布于塞罕坝德胜沟林区，生长于山坡湿草地、杂木林下及山谷沟边阴湿处。

用　　途 全草晒干，民间用以代茶叶；根状茎可治气管炎；全草及根状茎能清热解毒，化痰止咳；嫩苗可作野菜食用。

紫花碎米荠

Cardamine tangutorum

形态特征 多年生草本，高 15~50cm。根状茎细长呈鞭状，匍匐生长。茎单一，不分枝。基部倾斜，上部直立，表面具沟棱，下部无毛，上部有少数柔毛。基生叶有长叶柄，小叶 3~5 对，长椭圆形，顶端短尖，边缘具钝齿，基部呈楔形或阔楔形，两面与边缘有少数短毛无小叶柄，顶生小叶与侧生小叶的大小和形态相似；茎生叶通常只有 3 枚，着生十茎的中、上部，有叶柄，小叶 3~5 对，与基生的相似，但较狭小。总状花序有十几朵花；花瓣紫红色或淡紫色，倒卵状楔形，顶端截形，基部渐狭成爪。长角果线形，扁平，基部具长约 1mm 的子房柄；果梗直立。种子长椭圆，褐色。花期为 5—7 月，果期为 6—8 月。

生境分布 生于高山山沟草地及林下阴湿处，海拔 2100~4400m。

用　　途 全草食用；供药用，清热利湿，并可治黄水疮；花治筋骨疼痛。

菥蓂

Thlaspi arvense

形态特征 一年生草本，高 9~60cm，无毛。茎直立，不分枝或分枝，具棱。基生叶倒卵状、长圆形，顶端圆钝或急尖，基部的抱茎，两侧箭形，边缘具疏齿；叶柄长 1~3cm。总状花序顶生；花白色；花梗细；萼片直立，卵形，顶端圆钝；花瓣长圆状、倒卵形，顶端圆钝或微凹。短角果倒卵形或近圆形，扁平，顶端凹入，边缘有翅宽约 3mm；种子每室 2~8 个，倒卵形，稍扁平，黄褐色，有同心环状条纹。花期为 3—4 月，果期为 5—6 月。

生境分布 塞罕坝林区普遍分布，生在平地路旁，沟边或村落附近。

用　　途 种子油可制肥皂，也作润滑油，还可食用；全草、嫩苗和种子均可入药。

波齿糖芥
Erysimum macilentum

形态特征　一年生草本，高 30~60cm。茎直立，分枝，具二叉毛。茎生叶密生，叶片线形或线状狭披针形，顶端钝尖头，边缘近全缘或具波状裂齿。总状花序，顶生或腋生；萼片长椭圆形；花瓣深黄色，匙形；雄蕊 6 枚，花丝伸长；雌蕊线形，花柱短，柱头头状，深裂；花梗短。长角果圆柱形；果瓣具中脉。花果期为 3—7 月。

生境分布　塞罕坝林区普遍分布，生于海拔 500m 以上的路边、山坡。

用　　途　可作为鲜切花和干花原料。

黄芦木

Berberis amurensis

形态特征 落叶灌木，高 1~3m。枝灰黄色或灰色，微有棱槽，叶刺 3 分叉，长 1~2.5cm。叶倒卵状椭圆形或椭圆形，先端急尖或圆钝，基部楔形，有刺芒状细密锯齿，背面有时被白粉；叶柄长 5~10mm。总状花序下垂，有花 10~25 朵；花淡黄色；苞片 1 枚，小苞片 2 枚，三角形；萼片倒卵形；花瓣长卵形，顶端微凹；雄蕊 6 枚；子房有胚珠 2 枚。浆果红色，椭圆形，种子 2 个，无宿存柱头。花期为 8 月，果期为 10 月。

生境分布 塞罕坝坝上林区普遍分布，生于干燥山坡或山地阴坡灌丛，对环境条件要求不严，山坡、田埂、庭院四周均可栽植。种子或插条繁育。

用　　途 全株含生物碱，根皮含大量小檗碱。药用，有消炎效果。

类叶升麻
Actaea asiatica

形态特征　根茎横走，黑褐色，具多数细长须根。茎高达 80cm，下部无毛，中部以上被白色柔毛，不分枝。茎下部叶为三回三出近羽状复叶，具长柄，叶柄长 10~17cm；叶片三角形。茎上部叶形似下部叶，较小，具短柄。总状花序长 2.5~4（~6）cm；序轴及花梗密被白色或灰色柔毛；萼片倒卵形；花瓣匙形，具爪；雄蕊多数；心皮与花瓣近等长。果序长 5~17cm，与茎上部叶等长或超出上部叶；果紫黑色，卵圆形，种子约 6 粒。花期为 5—6 月，果期为 7—9 月。

生境分布　塞罕坝林区普遍分布，生于海拔 350~3100m 的山地林下或沟边阴处，河边湿草地。

用　　途　根状茎在民间供药用，茎、叶可作土农药。

红果类叶升麻

Actaea erythrocarpa

形态特征　多年生草本。根状茎横走，坚实，黑褐色，生多数细根。茎高 60~70cm，圆柱形，微具纵棱，下部无毛，中部以上被短柔毛。叶 2~3 枚，叶片三角形。顶生小叶卵形至宽卵形，三裂，边缘有锐锯齿，侧生小叶斜卵形，不规则 2~3 深裂，表面近无毛，背面沿脉疏被白色短柔毛或近无毛；叶柄长达 24cm。总状花序长约 6cm；轴及花梗均密被短柔毛；花直径 8~10mm，密集；花瓣匙形，顶端圆形，下部渐狭成爪。果序长 4~10cm；果实红色，无毛；种子约 8 粒，近黑色，干后表面微粗糙状，无毛。花期为5—6 月，果期为 7—8 月。

生境分布　塞罕坝林区普遍分布，生于山地林下或路旁。

用　　途　根可入药，有清热解毒、祛风止痛的作用。

长瓣铁线莲
Clematis macropetala

形态特征 木质藤本，长约 2m。幼枝微被柔毛，老枝光滑无毛。二回三出复叶；小叶片 9 枚，纸质，卵状披针形或菱状椭圆形，长 2~4.5cm，宽 1~2.5cm，顶端渐尖，基部楔形或近于圆形；两侧的小叶片常偏斜，边缘有整齐的锯齿或分裂，两面近于无毛，脉纹在两面均不明显；小叶柄短；叶柄长 3~5.5cm，微被稀疏柔毛。花单生于当年生枝顶端，幼时微被柔毛，以后无毛；花萼钟状。瘦果倒卵形，被疏柔毛。花期为 7 月，果期为 8 月。

生境分布 塞罕坝林区普遍分布，生于荒山坡、草坡岩石缝中及林下。

用　　途 根可入药，有解毒、利尿、活血散瘀的功效；种子含油，榨油可供制作油漆用。观赏价值较高。

半钟铁线莲

Clematis sibirica var. ochotensis

形态特征 木质藤本。茎圆柱形，光滑无毛，幼时浅黄绿色，老后淡棕色至紫红色。当年生枝基部及叶腋有宿存的芽鳞；鳞片披针形，顶端有尖头，表面密被白色柔毛，以后无毛，内面无毛。三出复叶至二回三出复叶；小叶片 3~9 枚，窄卵状披针形至卵状椭圆形，顶端钝尖，基部楔形至近于圆形，常全缘，上部边缘有粗牙齿，侧生的小叶常偏斜，主脉上微被柔毛，其余无毛；小叶柄短。花单生于当年生枝顶，钟状。瘦果倒卵形，棕红色，微被淡黄色短柔毛。花期为 5—6 月，果期为 7—8 月。

生境分布 塞罕坝林区普遍分布，生于海拔 600~1200m 的山谷、林边及灌丛中。

用　　途 有很好的园艺用途，观赏价值高，还有较高的药用价值。

牛扁

Aconitum barbatum var. puberulum

形态特征　茎和叶柄均被反曲而紧贴的短柔毛；叶分裂程度较低，中全裂片分裂不近中脉，末回小裂片三角形或狭披针形。

生境分布　塞罕坝坝上林区普遍分布，生长于海拔 400~2700m 的山地疏林下或较阴湿处。

用　　途　根可药用，治腰腿痛、关节肿痛等症。

华北乌头

Aconitum jeholense var. angustius

形态特征　多年生草本，块根 2 个。茎高 80~120cm。叶片长 6~9cm，宽 9~12cm；叶分裂程度较高，末回小裂片线形或狭线形，宽 1.5~3（~3.5）mm。总状花序长（10）15~30cm，有（7）15~30 朵花，上萼片盔形。花期为 7—8 月。种子只沿棱有翅。

生境分布　塞罕坝坝上林区有分布，生长于海拔 1980~3000m 的山地。

用　　途　可作鲜切花、干花原料。

草芍药

Paeonia obovata

形态特征　多年生草本。根粗壮，长圆柱形。茎高 30~70cm，无毛，基部生数枚鞘状鳞片。顶生小叶倒卵形或宽椭圆形，顶端短尖，基部楔形，全缘，表面深绿色，背面淡绿色，无毛或沿叶脉疏生柔毛；侧生小叶比顶生小叶小，同形，具短柄或近无柄；茎上部叶为三出复叶或单叶茎下部叶为二回三出复叶，叶片长 14~28cm。单花顶生。蓇葖卵圆形，成熟时果皮反卷呈红色。花期为 5 至 6 月中旬；果期为 9 月。

生境分布　塞罕坝林区普遍分布，生长于海拔 800~2600m 的山坡草地及林缘。

用　　途　根可药用，有养血调经、凉血止痛之效。

红景天
Rhodiola rosea

保护等级　国家二级重点保护野生植物

形态特征　多年生草本。根粗壮，直立。根颈短，先端被鳞片。花茎高 20~30cm。叶疏生，长圆形至椭圆状倒披针形或长圆状宽卵形，长 7~35mm，宽 5~18mm，先端急尖或渐尖，全缘或上部有少数牙齿，基部稍抱茎。花序伞房状，密集多花，雌雄异株。蓇葖披针形或线状披针形，直立；种子披针形，一侧有狭翅。花期为 4—6 月，果期为 7—9 月。

生境分布　塞罕坝四道沟梁头有分布，生于海拔 1500~1800m 的山坡林下或草坡上。

用　　途　根茎可入药，有补肾、养心、安神、调经、补血、明目之效。

白八宝

Hylotelephium pallescens

形态特征 多年生草本。根束生。根状茎短，直立，高 20~60（~100）cm。叶互生，有时对生，长圆状卵形或椭圆状披针形，先端圆，基部楔形，几无柄，全缘或上部有不整齐的波状疏锯齿，叶面有多数红褐色斑点。复伞房花序，顶生，分枝密；花梗长2~4mm；花瓣 5 枚，白色至浅红色，直立，披针状椭圆形，先端急尖。种子狭长圆形，褐色。花期为 7—9 月，果期为 8—9 月。

生境分布 塞罕坝坝上林区普遍分布，多生于河边石砾滩子及林下草地上。

用　　途 全草可入药，清热解毒、散瘀消肿，也可用于园林绿化。

钝叶瓦松

Hylotelephium malacophyllum

形态特征　二年生草本。第一年仅有莲座叶，叶片长椭圆形或长圆状披针形，长 2~4cm，宽 1.5~2cm，先端圆锥或短渐尖，全缘，灰绿色，密布暗红色斑点。第二年自莲座叶丛中抽出花茎，高10~30cm，不分枝；茎生叶互生，近匙状、倒卵形，较莲座叶大，长达 7cm，先端有短尖。花序密集，穗状或总状；无梗或具短梗。蓇葖果卵形，两端渐尖，长几与花瓣相等；种子细小而多。花期为 7 月，果期为 8—9 月。

生境分布　塞罕坝林区普遍分布，多生于多石山坡及山坡岩石缝中。

用　　途　全草可入药，止血通经；还可作饲料。

黄香草木樨
Melilotus officinalis

形态特征 二年生草本。高 0.4~1（~2.5）m。茎直立，粗壮，多分枝，具纵棱，微被柔毛。羽状三出复叶；托叶镰状线形，长 3~5（~7）mm，中央有 1 条脉纹，全缘或基部有 1 尖齿；叶柄细长；小叶倒卵形、阔卵形、倒披针形至线形。花长 3.5~7mm。荚果卵形，先端具宿存花柱，表面具凹凸不平的横向细网纹，棕黑色；有种子 1~2 粒，种子卵形，黄褐色，平滑。花期为 5—9 月，果期为 6—10 月。

生境分布 分布于塞罕坝境内的山坡、河岸、路旁、砂质草地及林缘。

用　　途 不但可入药，而且富含香豆素，是开发食用产品的优质原料。

白花草木樨
Melilotus albus

形态特征　一、二年生草本，高 70~200cm。茎直立，圆柱形，中空，多分枝，几无毛。羽状三出复叶；托叶尖刺状锥形，长 6~10mm，全缘；叶柄比小叶短，纤细；小叶长圆形或倒披针状长圆形。总状花序长 9~20cm，腋生，具花 40~100 朵，排列疏松。荚果椭圆形至长圆形，先端锐尖，具尖喙，表面脉纹细，网状，初棕褐色，老熟后变黑褐色；种子 1~2 粒，卵形，棕色，表面具细瘤点。花期为 5—7 月，果期为 7—9 月。

生境分布　分布于塞罕坝境内的田边、路旁荒地上及湿润的砂地上。

用　　途　全草可入药。

胡枝子

Lespedeza bicolor

　　形态特征　灌木，高 1~3m。小枝疏被短毛。叶具 3 小叶；小叶草质，卵形、倒卵形或卵状长圆形，长 1.5~6cm，叶柄长 2~7（~9）cm。总状花序比叶长，常构成大型、较疏散的圆锥花序；花冠红紫色。荚果斜倒卵形，稍扁，具网纹，密被短柔毛。花期为 7—9 月，果期为 9—10 月。

　　生境分布　分布于塞罕坝境内的山坡、林缘、路旁、灌丛及杂木林间。海拔 150~1000m。

　　用　　途　种子油可供食用或作机器润滑油；叶可代茶；枝可编筐。性耐旱，是防风、固沙及水土保持植物，是营造防护林及混交林的伴生树种。

柠条锦鸡儿

Caragana korshinskii

形态特征 灌木，高 1~4m。老枝金黄色，有光泽；嫩枝被白色柔毛。羽状复叶有 6~8 对小叶；托叶在长枝者硬化成针刺，长 3~7mm，宿存；叶轴长 3~5cm，脱落；小叶披针形或狭长圆形。花梗长 6~15mm，密被柔毛，关节在中上部；花冠长 20~23mm；子房披针形，无毛。荚果扁，披针形，有时被疏柔毛。花期为 5 月，果期为 6 月。

生境分布 分布于塞罕坝境内的半固定和固定沙地上。

用 途 优良固沙植物和水土保持植物。

细枝羊柴

Corethrodendron scoparium

形态特征 半灌木，高 0.8~3m。茎下部叶具小叶 7~11 枚，上部的叶通常具小叶 3~5 枚，最上部的叶轴完全无小叶或仅具 1 枚顶生小叶。小叶片灰绿色，线状长圆形或狭披针形。托叶卵状披针形；褐色干膜质，下部合生，易脱落。总状花序腋生，上部的明显长于叶；花序梗被短柔毛；花少数，疏散排列；花冠紫红色；子房被短柔毛。荚果 2~4 节，节荚宽卵形，两侧膨大，具明显细网纹和白色密毡毛；种子圆肾形，淡棕黄色，光滑。花期为 6—9 月，果期为 8—10 月。

生境分布 塞罕坝有分布，生于半荒漠的沙丘或沙地。

用　　途 具有重要的经济价值，主要用作优良固沙植物；幼嫩枝叶为优良饲料；木材可制成经久耐燃的薪炭；花为优良的蜜源；种子为优良的精饲料和油料源，含油约 10%。

黄毛棘豆
Oxytropis ochrantha

形态特征 多年生草本。主根木质化而坚韧。茎极缩短，多分枝，被丝状黄色长柔毛。轮生羽状复叶长 8~20cm；叶柄上面有沟，密被黄色长柔毛；托叶膜质，宽卵形，于中下部与叶柄贴生，先端急尖，密被黄色长柔毛；小叶 13~19 枚，对生或 4 片轮生，卵形、长椭圆形、披针形或线形。多花组成密集圆筒形总状花序；花葶坚挺，圆柱状，与叶几等长，密被黄色长柔毛；苞片披针形，较花萼长，密被黄色长柔毛；花长 15~21mm；花冠白色或淡黄色；子房密被黄色长柔毛，含胚珠 20~24 个，花柱无毛，无柄。荚果膜质，卵形，膨胀成囊状而略扁。花期为 6—7 月，果期为 7—8 月。

生境分布 塞罕坝林区普遍分布，生于海拔 1500~2700m 的山坡草地或林下。

蓝花棘豆

Oxytropis coerulea

形态特征 多年生草本，高 10~20cm。主根粗壮而直伸。茎缩短，基部分枝呈丛生状。羽状复叶长 5~15cm；托叶披针形，被绢状毛，于中部与叶柄贴生，彼此分离；叶柄与叶轴疏被贴伏柔毛；小叶 25~41，长圆状披针形。12~20 枚花组成稀疏总状花序；花莛比叶长 1 倍，稀近等长，无毛或疏被贴伏白色短柔毛；苞片较花梗长；花长 8mm。荚果长圆状卵形，膨胀，疏被白色和黑色短柔毛，稀无毛，1 室；果梗极短。花期为 6—7 月，果期为 7—8 月。

生境分布 分布于塞罕坝海拔 1200m 左右的山坡或山地林下。

用　　途 蓝花棘豆适口性好，牛、羊、马皆喜食。

蒙古黄芪

Astragalus membranaceus var. mongholicus

形态特征 多年生草本，高 50~100cm。主根肥厚，灰白色，木质，常分枝。茎直立，上部多分枝，有细棱，被白色柔毛。羽状复叶有 13~27 片小叶；叶柄长 0.5~1cm；托叶离生，卵形、披针形或线状披针形，下面被白色柔毛或近无毛；小叶椭圆形或长圆状卵形。总状花序稍密，有 10~20 朵；总花梗与叶近等长或较长，至果期显著伸长；苞片线状披针形，背面被白色柔毛；花梗连同花序轴稍密被棕色或黑色柔毛；花萼钟状；花冠黄色或淡黄色。荚果薄膜质，稍膨胀，半椭圆形；种子 3~8 颗。花期为 6—8 月，果期为 7—9 月。

生境分布 塞罕坝林区普遍分布，生于林缘、灌丛或疏林下，亦见于山坡草地或草甸中。

用 途 其根可入药，有补气固表、利尿排毒、排脓和敛疮生肌之功效。在保护心肌、调节血压、提高人体免疫力等方面具有很好的疗效。

花苜蓿

Medicago ruthenica

形态特征　多年生草本，高 20~70（~100）cm。主根深入土中，根系发达。茎直立或呈上升态，四棱形，基部分枝，丛生，羽状三出复叶；托叶披针形，锥尖，先端稍上弯，基部阔圆，耳状，具 1~3 枚浅齿，脉纹清晰；叶柄比小叶短，被柔毛；小叶形状变化很大，长圆状倒披针形、楔形、线形以至卵状长圆形。花序伞形，具花（4）6~9（~15）朵；总花梗腋生，通常比叶长，挺直，有时也纤细，并比叶短；花冠黄褐色，中央深红色至紫色条纹。荚果长圆形或卵状长圆形，扁平；有种子 2~6 粒。种子椭圆状卵形，棕色，平滑，种脐偏于一端；胚根发达。花期为 6—9 月，果期为 8—10 月。

生境分布　塞罕坝有分布，生于草原、砂地、河岸及砂砾质土壤的山坡旷野。

用　　途　花苜蓿味苦，性寒，具有清热解毒、止咳、止血等功效。因其适口性好，含有较多粗蛋白质，也是饲养家畜的优等牧草。其根系发达，能在沙滩上生长，还可作为水土保护植物。

山岩黄芪

Hedysarum alpinum

形态特征 多年生草本。茎直立，高40~120cm。奇数羽状复叶，小叶11~23，卵状披针形或长椭圆形，先端圆形或稍尖，基部圆形，全缘，表面光滑无毛，背面疏生柔毛；托叶披针形，膜质，基部合生。总状花序腋生，比复叶长，有花20~40朵；花紫红色，稍下垂；萼钟状，5齿裂，最下萼齿较其余萼齿长。节荚扁椭圆形或窄圆形，具1~5节，表面有网状纹，无毛。花期为7—8月，果期为8—9月。

生境分布 塞罕坝林区普遍分布，多生于湿润的草地、沼泽地的边缘。

用　　途 茎叶可作绿肥和饲料；是水土保持植物，也是蜜源植物；可作切花和干花原料。

歪头菜

Vicia unijuga

形态特征 多年生草本，高 40~100cm。茎直立，通常数茎丛生，具细棱，幼枝被淡黄色柔毛。卷须不发达而变为针状；小叶 1 对，不同植株大小、形状变化很大，卵形、椭圆形或卵状披针形，有时为菱状卵形，先端急尖，基部斜楔形，边缘粗糙，有微凸出的小齿，两面无毛或仅于叶脉上有微毛；托叶半箭头形。总状花序腋生，比叶长；花冠蓝色、蓝紫色或紫色。荚果窄长、圆形，扁平，褐黄色。种子扁球形，棕褐色。花期为 7—8 月，果期为 9—10 月。

生境分布 塞罕坝林区普遍分布，喜光，稍耐干旱，生长于海拔 1000~1400m 的山坡林缘、路旁或山沟草地。

用 途 可作牧草；全草可入药，有解热、利尿、理气、止痛之效；可作切花和干花。

北野豌豆
Vicia ramuliflora

形态特征 多年生草本，高 40~100cm。根膨大，呈块状，近木质化，直径可达1~2cm，表皮黑褐色或黄褐色。茎具棱，通常数茎丛生，被微柔毛或近无毛。偶数羽状复叶；托叶半箭头形或斜卵形或长圆形；小叶通常（2）3（~4）对，长卵圆形或长卵圆披针形，下面沿中脉被毛，全缘，纸质。

总状花序腋生；于基部或总花序轴上部有2~3分支，呈复总状，近圆锥花序，通常短于叶；花柱长约0.5cm。荚果长圆菱形，两端渐尖，表皮黄色或干草色。种子1~4枚，椭圆形，种皮深褐色。花期为6—8月，果期为7—9月。

生境分布 分布于塞罕坝坝上林下。

用　　途 散风祛湿，活血止痛。

东方草莓
Fragaria orientalis

形态特征 多年生草本，高 10~20cm。根状茎横走，黑褐色；匍匐茎细长。掌状三出复叶，基生；叶柄长 5~15cm，密被开展的长柔毛；小叶近无柄，宽卵形或菱状卵形，边缘中上部有粗圆齿状锯齿；托叶膜质，条状披针形。聚伞花序生于花葶顶部，花少数；花白色，花瓣 5 枚，近圆形；雄蕊、雌蕊均多数。瘦果卵形，多数聚生于肉质花托上，形成径长 1~2cm 的聚合果。花期在 6 月，果期在 8 月。

生境分布 塞罕坝坝上林区普遍分布，生于林下、林缘灌丛、林间草甸及河滩草甸。

用　　途 果可生食，并可用于酿酒、制作果酱和饮料等。

金露梅
Dasiphora fruticosa

形态特征　灌木，高 0.5~2m。多分枝，树皮纵向剥落。小枝红褐色，幼时被长柔毛。羽状复叶，有小叶 2 对，稀 3 小叶，卵状或倒卵长圆形或长圆状披针形，先端急尖，基部楔形，全缘，边缘外卷，两面疏被绢毛或柔毛；叶柄长 3~4mm，被长柔毛；托叶披针形，膜质。花单或数朵生于枝顶，花直径 2~3cm，花瓣黄色，宽倒卵圆形。瘦果近卵形，被长柔毛，褐棕色。花期为 5—6 月，果期为 8—9 月。

生境分布　塞罕坝坝上林区普遍分布，多生于干旱山坡或潮湿滩地。

用　　途　适于园林观赏。嫩叶可代茶，花、叶可入药，有健脾、清暑、调经作用，为高海拔山区的饲用植物。

稠李

Prunus padus

形态特征　落叶乔木，高可达 15m。树皮黑褐色；小枝有棱，紫褐色，微生短柔毛或无毛。叶椭圆形、倒卵形或矩圆状倒卵形，先端突，渐尖，边缘有锐锯齿，表面深绿色，背面灰绿色，无毛或仅下脉腋有丛毛；叶柄长 1~1.9cm，无毛，近顶端或叶片基部有 2 腺体；托叶条形，早落。总状花序下垂；花瓣白色，有香味；果倒卵形或卵球形，黑色，有光泽，核有明显皱纹。花期为 6 月，果期为 10 月。

生境分布　塞罕坝林区普遍分布，多生于次生林下或与杨桦树混生。幼树耐荫，较耐寒；喜肥沃、湿润，排水良好的中性沙壤土，用种子或萌蘖繁殖。

用　　途　叶可入药，有镇咳功效，树皮可提取栲胶。

山荆子

Malus baccata

形态特征 乔木。树干灰褐色，光滑，不易开裂；新梢黄褐色，无毛，嫩梢绿色微带红褐色。冬芽卵形，外被数枚覆瓦状鳞片。单叶互生，叶片椭圆形，先端渐尖，基部楔形，叶缘锯齿细锐，在芽中呈席卷状或对折状，有叶柄和托叶。伞形总状花序，花瓣倒卵形，白色、浅红至艳红色；雄蕊具有黄色花药和白色花丝，花柱3~5个，基部合生有长柔毛。果实近球形，红或黄色，石细胞成群；萼片脱落，萼洼有圆形绣斑；果柄长为果实的3~4倍。种皮褐色或近黑色，微小。

生境分布 塞罕坝林区普遍分布，喜光，耐寒，耐瘠薄，不耐盐，有深根性；寿命长，多生长于花岗岩、片麻岩山地和淋溶褐土地带。

用　　途 树形美观，春花秋果，可作园林绿化树种。果可食，味酸。

鸡冠茶

Sibbaldianthe bifurca

形态特征 多年生草本或亚灌木。根圆柱形，纤细，木质。花茎直立或呈上升态，高5~20cm，密被疏柔毛或微硬毛。羽状复叶，有小叶 5~8 对，最上面 2~3 对小叶基部下延与叶轴汇合；叶柄密被疏柔毛或微硬毛；小叶片无柄，对生，稀互生，椭圆形或倒卵椭圆形。花直径 0.7~1cm；花瓣黄色，倒卵形，顶端圆钝，比萼片稍长。瘦果表面光滑。花果期为 5—9 月。

生境分布 塞罕坝林区普遍分布，生于地边、道旁，山坡草地、黄土坡上、半干旱荒漠草原及疏林下，海拔 800~3600m。

用　　途 可入药，能止血。

绣线菊
Spiraea salicifolia

　　形态特征　直立灌木，高达 1.5m。枝条细长，开展，小枝近圆柱形。叶片卵形至卵状椭圆形，先端急尖至渐尖，基部楔形，边缘有缺刻状重锯齿或单锯齿，表面暗绿色，无毛或沿叶脉微具短柔毛，背面色浅或具白霜，常沿叶脉有短柔毛；叶柄具短柔毛。花密集，密被短柔毛；蓇葖果半开张，无毛或沿腹缝线有稀疏柔毛；宿存萼片常直立。花期为6—7月，果期为 8—9 月。

　　生境分布　塞罕坝林区普遍分布，喜光，耐水湿，多生于杂木林中，种子繁殖。

　　用　　途　可作庭院绿化树种。

华北覆盆子
Rubus idaeus var. borealisinensis

形态特征　灌木，株高 1~2m。奇数羽状复叶，小叶 3~5；叶柄及叶背面密被白色纤毛或小刺。总状花序，顶生；花白色。核果具白色短绒毛。

生境分布　塞罕坝林区有分布，生长于海拔 1250~2500m 的山谷阴处、山坡林间或密林下，白桦林林缘或草甸间。

用　　途　果可食用，又可入药。

白杜

Euonymus maackii

　　形态特征　小乔木，高达 6m。叶卵状椭圆形、卵圆形或窄椭圆形，先端长渐尖，基部阔楔形或近圆形，边缘具细锯齿，有时极深而锐利；叶柄通常细长。聚伞花序 3 至多花，花序梗略扁；花淡白绿色或黄绿色。蒴果倒圆心状，4 浅裂，9~10mm，成熟后果皮粉红色；种子长椭圆状，种皮棕黄色，假种皮橙红色，全包种子，成熟后顶端常有小口。花期为 5—6 月，果期为 9 月。

　　生境分布　塞罕坝有分布，生于肥沃、湿润的土壤中。

　　用　　途　全草可入药。

鸡腿堇菜

Viola acuminata

形态特征　多年生草本，通常无基生叶。根状茎较粗，垂直或倾斜，密生多条淡褐色根。茎直立，通常 2~4 条丛生，高 10~40cm，无毛或上部被白色柔毛。叶片心形、卵状心形或卵形。花淡紫色或近白色，具长梗；花梗细，被细柔毛，通常均超出于叶，中部以上或在花附近具 2 枚线形小苞片；花瓣有褐色腺点，上方花瓣与侧方花瓣近等长。蒴果椭圆形，无毛，通常有黄褐色腺点，先端渐尖。花果期为 5—9 月。

生境分布　塞罕坝林区普遍分布，生于杂木林林下、林缘、灌丛、山坡草地或溪谷湿地等处。

用　　途　供药用，能清热解毒，排脓消肿；嫩叶可作蔬菜。

奇异堇菜

Viola mirabilis

形态特征 多年生草本，在花期以前或开花初期无地上茎，以后逐渐抽出地上茎，高6~23cm。根状茎斜升或直立，具明显的结节，上部多分歧，密被褐色或赤褐色残存的鳞片状托叶；根多条，褐色，干后较坚硬。茎直立，被柔毛或无毛，中部通常仅1枚叶片，上部密生叶片。叶片宽心形或肾形，花较大，淡紫色或紫堇色，生于基生叶叶腋的花通常不结实，有长达10cm的长梗；梗上部有2枚线形小苞片；生于茎生叶叶腋的花能结实，具短梗，梗的中下部具小苞片。花瓣倒卵形，侧瓣里面近基部密生长须毛。蒴果椭圆形，无毛。花果期为5—8月。

生境分布 塞罕坝林区有分布，生于阔叶林或针阔混交林下、林缘、山地灌丛及草坡等处。

用　　途 可供观赏，花和叶可食用，叶可泡水饮用。

斑叶堇菜
Viola variegata

形态特征 多年生草本，高3~12cm。无地上茎，根状茎通常较短而细，节密生，具数条淡褐色或近白色长根。叶均基生，呈莲座状，上面暗绿色或绿色。花瓣倒卵形；花红紫色或暗紫色，下部通常色较淡；花梗长短不等，通常带紫红色，有短毛或近无毛。蒴果椭圆形，无毛或疏生短毛；幼果球形，通常被短粗毛。种子淡褐色，小型，附属物短。花期为5月下旬至8月，果期为6—9月。

生境分布 分布于塞罕坝驹子沟门、大梨树沟等地，多生于山坡草地、林下、灌丛中或阴处岩石缝隙中。

用　　途 全草可入药，有清热解毒之效；可作切花原料。

乳浆大戟

Euphorbia esula

形态特征　多年生草本。根圆柱状，长 20cm 以上，直径 3~5（~6）mm，常曲折，褐色或黑褐色。茎单生或丛生，单生时自基部多分枝；不育枝常发自基部，较矮，有时发自叶腋。叶线形至卵形，变化极不稳定，无叶柄；不育枝叶常为松针状，无叶柄；总苞叶 3~5 枚，与茎生叶同形；苞叶 2 枚，常为肾形，少数为卵形或三角状卵形。蒴果三棱状球形，具 3 个纵沟；花柱宿存；成熟时分裂为 3 个分果爿。种子卵球状，成熟时黄褐色。花果期为 4—10 月。

生境分布　塞罕坝林区普遍分布，生于路旁、杂草丛、山坡、林下、河沟边、荒山、沙丘及草地。

用　　途　种子含油量达 30%，可制作工业用油；全草可入药，具祛毒止痒之效。

五角槭

Acer pictum subsp. *mono*

形态特征 落叶乔木,高达 15~20m。树皮粗糙,常纵裂,灰色,稀深灰色或灰褐色。小枝细瘦,无毛,当年生枝绿色或紫绿色,多年生枝灰色或淡灰色,具圆形皮孔。叶纸质,基部截形或近于心脏形,叶片的外貌近于椭圆形;叶柄细瘦,无毛。花多数,杂性,雄花与两性花同株,多数常成无毛的顶生圆锥状伞房花序,生于有叶的枝上,花的开放与叶的生长同时;花瓣 5 枚,淡白色,椭圆形或椭圆倒卵形;花梗细瘦,无毛。翅果嫩时紫绿色,成熟时淡黄色;小坚果压扁状;翅长圆形,连同小坚果长 2~2.5cm,张开成锐角或近于钝角。花期为 5 月,果期为 9 月。

生境分布 塞罕坝有分布,生长于海拔 300m 的疏林中。

用　途 园林中常用作栽培观赏。

白鲜

Dictamnus dasycarpus

形态特征 多年生草本，基部木质化，高 50~100cm。根茎斜出，肉质，淡黄白色，幼嫩部分具水泡状凸起的腺点，密生白色长柔毛。奇数羽状复叶，互生，叶轴生有窄翅；小叶 9~13 对，卵形或卵状披针形，先端渐尖或锐尖，基部宽楔形，叶缘有细锯齿，两面有毛，上部小叶较大，基部的小叶最小。总状花序，顶生；花大，白色、粉红色或紫色；花梗具腺毛；花瓣倒披针形，先端钝或圆形。蒴果，5 室，裂瓣先端具喙，表面有腺毛和柔毛。花期为 6 月，果期为 8 月。

生境分布 普遍分布于塞罕坝林区的山坡草地或疏林下。

用　　途 根皮可入药，有祛热、解毒、利尿、杀虫等作用。

波叶大黄（华北大黄）

Rheum rhabarbarum

形态特征　多年生草本。根粗壮，黄色。茎直立，粗壮，中空，有纵沟，高60~100cm，不分枝或上部分枝。基生叶大形，质厚，宽卵形，先端圆钝，基部心形或近心形，边缘波状，背部疏被短毛，于脉上较多；茎生叶较小，具短柄或近无柄；托叶鞘膜质，棕红色，开裂；叶柄有棱。圆锥花序顶生，苞小，花数朵簇生；花柄细，下垂，中下部有关节；花白色。瘦果三棱形，具翅，翅下部心形，先端有凹口。花期为6月，果期为6—7月。

生境分布　塞罕坝坝上林区普遍分布，生长于海拔1500m以上的阴坡、山脊和林缘。耐寒、耐阴湿，喜生于土壤湿润深厚之地或岩石缝中。

用　　途　根可作黄色染料，又可作缓泻药；叶柄可加工成罐头或蒸食；花序可作插花原料。

西伯利亚蓼
Knorringia sibirica

形态特征 多年生草本，高达 25cm。根茎细长；茎基部分枝，无毛。叶长椭圆形或披针形，基部戟形或楔形，无毛；叶柄长 0.8~1.5cm；托叶鞘筒状，膜质，无毛。圆锥状花序顶生；花稀疏，苞片漏斗状，无毛；花梗短，中上部具关节；花被 5 深裂，黄绿色，花被片长圆形；花柱 3 个，较短。瘦果卵形，具 3 棱，黑色，有光泽，包于宿存花被内或稍突出。花期为 6—7 月，果期为 8—9 月。

生境分布 塞罕坝林区普遍分布，生长于路边、湖边，河滩、山谷湿地、沙质盐碱地。

用 途 主治目赤肿痛、皮肤湿痒、便秘、水肿、腹水等。

茖葱

Allium ochotense

形态特征 鳞茎单生或 2~3 枚聚生，近圆柱状；鳞茎外皮灰褐色至黑褐色，破裂成纤维状，呈明显的网状。叶 2~3 枚，倒披针状椭圆形至椭圆形，基部楔形，沿叶柄稍下延，先端渐尖或短尖，叶柄长为叶片的 1/5~1/2。花葶圆柱状；总苞 2 裂，宿存；伞形花序球状，具多而密集的花；小花梗近等长，比花被片长 2~4 倍，果期伸长，基部无小苞片；花白色或带绿色，极稀带红色。花果期为 6—8 月。

生境分布 塞罕坝林区普遍分布，生于海拔 1000~2500m 的阴湿坡山坡、林下、草地或沟边。

用　　途 嫩叶可食。

卷耳

Cerastium arvense subsp. *strictum*

形态特征 多年生疏丛草本，高 10~35cm。茎基部匍匐，上部直立，绿色并带淡紫红色，下部被下向的毛，上部混生腺毛。叶片线状披针形或长圆状披针形，顶端急尖，基部楔形，抱茎，被疏长柔毛；叶腋具不育短枝。聚伞花序顶生，具 3~7 花；花梗细，密被白色腺柔毛；花瓣 5，白色，倒卵形，比萼片长 1 倍或更长，顶端 2 裂深达 1/4~1/3。蒴果长圆形；种子肾形，褐色，略扁，具瘤状凸起。花期为 5—8 月，果期为 7—9 月。

生境分布 塞罕坝坝上林区普遍分布，多生于高山草地或林缘。

瞿麦

Dianthus superbus

形态特征 多年生草本，高 30~50cm。茎丛生，直立，上部疏分枝。叶线状披针形，先端长渐尖，基部成短鞘围抱茎节。花单生或数朵成稀疏聚伞状。萼下苞 2~3 对，宽倒卵形，具突尖，边缘宽膜质；花瓣 5 枚，淡红色，瓣片边缘细裂呈流苏状，喉部有须毛，基部具长爪。蒴果狭圆筒形，包于宿萼内，与萼片近等长或比萼片稍长。种子广椭圆状倒卵形。花期为 7—8 月。

生境分布 塞罕坝林区普遍分布，多生于林间、沟膛、草地或疏林下。

用　　途 全草可入药，有清热、利尿、活血通经作用；可作鲜切花原料。

蔓茎蝇子草

Silene repens

形态特征 多年生草本，高 15~50cm，全株被短柔毛。根状茎细长，分叉。茎疏丛生或单生，不分枝或有时分枝。叶片线状披针形、披针形、倒披针形或长圆状披针形，基部楔形，顶端渐尖，两面被柔毛，边缘基部具缘毛，中脉明显。总状圆锥花序，小聚伞花序常具 1~3 花；花梗长 3~8mm；苞片披针形，草质；花萼筒状、棒形，常带紫色，被柔毛；花瓣白色，稀黄白色，爪倒披针形，不露出花萼，无耳，瓣片平展，轮廓倒卵形，浅2 裂或裂深达其中部。蒴果卵形，比宿存萼短；种子肾形，黑褐色。花期为 6—8 月，果期为 7—9 月。

生境分布 塞罕坝林区普遍分布，生于海拔 1500~3500m 的林下、湿润草地、溪岸或石质草坡。

用　　途 全草可入药。

二色补血草

Limonium bicolor

形态特征　多年生草本植物，株高 20~70cm。全株除萼外均
光滑无毛。基部叶匙形、倒卵状匙形，先端钝，有时具短尖头，基部渐狭，下延成扁平的叶
柄，全缘。花 2~4 朵集成小穗，3~5 小穗组成穗状花序，由穗状花序再在花序分枝的顶端或
上部组成或疏或密的圆锥花序。果实具 5 棱。花期为 5—7 月，果期为 6—8 月。

生境分布　分布于塞罕坝千层板、三道河口，多生于盐渍土或沙质草地上，是盐碱地
的指示植物。

用　　途　是上乘的观赏花卉（俗称"干枝梅"），有易携带、易保存、干后不褪色、
不需要加工等优良特性，深受人们喜爱。

东陵绣球

Hydrangea bretschneideri

形态特征 灌木，高达4m。树皮长片状剥落。幼枝具短柔毛，二年生枝栗褐色，树皮开裂。叶对生，长圆状倒卵形或菱状椭圆形，先端短尖或渐尖，基部楔形，边缘具尖锯齿，叶表面无毛或脉上微被毛，背部被卷曲柔毛；叶柄长1~3cm。伞房状聚伞花序，顶生，被毛。蒴果近球形，顶孔开裂，花柱宿存；种子两端有翅。花期为6—7月，果期为9—10月。

生境分布 塞罕坝坝下林区普遍分布，多生长于海拔1100m以上的次生林下或山脚灌丛中。

用　　途 可作观赏花木；材质致密坚硬，可作农具和细木工用。

七瓣莲

Trientalis europaea

形态特征 根茎纤细，横走，末端常膨大成块状，具多数纤维状须根。茎直立，高5~25cm。叶5~10枚聚生茎端，呈轮生状；叶片披针形至倒卵状椭圆形，先端锐尖或稍钝，基部楔形至阔楔形，具短柄或近于无柄，边缘全缘或具不明显的微细圆齿；茎下部叶极稀疏，通常仅1~3枚，甚小，或呈鳞片状。花1~3朵，单生于茎端叶腋，花梗纤细。蒴果直径2.5~3mm，比宿存花萼短。花期为5—6月，果期为7月。

生境分布 塞罕坝德胜沟林区有分布，生于针叶林或混交林下。

用　　途 根和叶可药用。

凤仙花科 | 凤仙花属

水金凤
Impatiens noli-tangere

形态特征　一年生草本，高 40~70cm。茎较粗壮，肉质，直立，上部多分枝，无毛，下部节常膨大，有多数纤维状根。叶互生；叶片卵形或卵状椭圆形，长 3~8cm，宽 1.5~4cm，先端钝，稀急尖，基部圆钝或宽楔形，边缘有粗圆齿状齿，齿端具小尖，两面无毛，上面深绿色，下面灰绿色；叶柄纤细，最上部的叶柄更短或近无柄。花梗长 1.5~2mm，中上部有 1 枚苞片；苞片草质，披针形，宿存；花黄色。蒴果线状圆柱形；种子多数，长圆球形，褐色，光滑。花期为 7—9 月。

生境分布　塞罕坝有分布，生于海拔 900~2400m 的山坡林下、林缘草地或沟边。

用　　途　有祛风除湿等功效。

扁蕾

Gentianopsis barbata

形态特征 一年生或二年生草本。高达 40cm。茎单生，上部分枝，具棱。基生叶匙形或线状倒披针形，先端圆，边缘被乳突；茎生叶窄披针形或线形，先端渐尖，边缘被乳突。花单生于茎枝顶端；花萼筒状，稍短于花冠，裂片边缘具白色膜质，外对线状披针形，先端尾尖，内对卵状披针形，先端渐尖。蒴果具短柄，与花冠等长；种子长圆形。花果期为 7—9 月。

生境分布 塞罕坝林区普遍分布，生于海拔 700~4400m 的水沟边、山坡草地、林下、灌丛中、沙丘边缘。

用　途 全草可入药。

秦艽

Gentiana macrophylla

形态特征 多年生草本，高30~60cm，全株光滑无毛，基部被枯存的纤维状叶鞘包裹。须根多条，扭结或粘结成一个圆柱形的根。枝少数丛生，直立或斜升，黄绿色或有时上部带紫红色，近圆形。莲座丛叶卵状椭圆形或狭椭圆形；茎生叶椭圆状披针形或狭椭圆形。花多数，无花梗，簇生于枝顶呈头状或腋生作轮状。蒴果内藏或先端外露，卵状椭圆形；种子红褐色，有光泽，矩圆形，表面具细网纹。花果期为7—10月。

生境分布 塞罕坝林区普遍分布，生于海拔400~2400m的河滩、路旁、水沟边、山坡草地、草甸、林下及林缘。

用　　途 全草可入药。

花锚

Halenia corniculata

形态特征　一年生草本，直立。高 20~
70cm。根具分枝，黄色或褐色。茎近四棱形，
具细条棱，从基部起分枝。基生叶倒卵形或椭
圆形；茎生叶椭圆状披针形或卵形。聚伞花序
顶生和腋生；花梗长 0.5~3cm；花 4 数；花萼
裂片狭三角状披针形；花冠黄色、钟形。蒴果
卵圆形、淡褐色，顶端 2 瓣开裂；种子褐色，
椭圆形或近圆形。花果期为 7—9 月。

生境分布　塞罕坝林区普遍分布，生于海拔
200~1750m 的山坡草地、林下及林缘。

用　　途　全草可入药，能清热、解毒、
凉血止血，主治肝炎、脉管炎等症。

花葱

Polemoni caeruleum

形态特征　多年生草本，高 30~80cm。根状茎横生；地上茎直立，不分枝，上部有腺毛，下部光滑无毛。奇数羽状复叶互生；小叶互生，11~21 枚，卵状披针形，先端急尖，基部近圆形，小叶无柄；叶柄长 5~8cm。花疏生，聚伞圆锥花序顶生；花冠钟状，蓝色，裂片为花冠的 2 倍。蒴果卵形，较宿存萼片稍短；种子三棱形，棕色。花期为 6—7 月，果期为 8—9 月。

生境分布　塞罕坝林区普遍分布，多生于较潮湿的山坡、草甸、林下和林缘草地。

用　　途　全草可入药，有祛痰、止血、镇静的功效，可作干花、切花原料。

天仙子

Hyoscyamus niger

形态特征　二年生草本，高可达 1m。全体被黏性腺毛。根较粗壮，肉质而后变纤维质。自根茎发出莲座状叶丛，卵状披针形或长矩圆形，长达 30cm，宽达 10cm，顶端锐尖，边缘有粗齿或羽状浅裂，有宽而扁平的翼状叶柄，基部半抱根茎；茎生叶卵形或三角状卵形，无叶柄。花无柄或仅有极短的柄；在茎中部以下的花单生于叶腋，在茎上端的花则单生于苞状叶腋内，聚集成蝎尾式总状花序，通常偏向一侧。蒴果包藏于宿存萼内。花期为 6—7 月。

生境分布　塞罕坝坝上林区有分布，多生于沙质地草丛、路边和沟旁。

用　　途　种子可入药，具有解痉止痛、安神镇痛之效。

赶山鞭

Hypericum attenuatum

形态特征　多年生草本，高（15~）30~74cm。根茎具发达的侧根及须根。茎数个丛生，直立，圆柱形，常有 2 条纵线棱，且全面散生黑色腺点。叶无柄；叶片卵状长圆形或卵状披针形至长圆状倒卵形。花序顶生，多花或有时少花，近伞房状花序或圆锥花序；苞片长圆形，平展；花蕾卵珠形；花梗长 3~4mm；花瓣淡黄色，长圆状倒卵形，先端钝形，表面及边缘有稀疏的黑腺点，宿存。蒴果卵珠形或长圆状卵珠形，具长短不等的条状腺斑。种子黄绿、浅灰黄或浅棕色，圆柱形，微弯，两端钝形且具小尖突，两侧有龙骨状突起，表面有细蜂窝纹。花期为 7—8 月，果期为 8—9 月。

生境分布　塞罕坝有分布，生于海拔 1100m 以下的田野、半湿草地、草原、山坡草地、石砾地、草丛、林内及林缘等处。

用　　途　全草可代茶叶用；全草又可入药，捣烂治跌打损伤或煎服作蛇药。

平车前
Plantago depressa

形态特征 一年生或二年生草本。直根长，具多数侧根。根茎短。叶基生呈莲座状，平卧、斜展或直立；叶片纸质，椭圆形、椭圆状披针形或卵状披针形；叶柄长 2~6cm，基部扩大成鞘状。花序 3~10 个；穗状花序细圆柱状，上部密集，基部常间断；花冠白色，无毛，冠筒等长或略长于萼片，裂片极小，椭圆形或卵形，于花后反折。蒴果卵状椭圆形至圆锥状卵形，于基部上方周裂；种子 4~5 个，椭圆形，腹面平坦，黄褐色至黑色；子叶背腹向排列。花期为 5—7 月，果期为 7—9 月。

生境分布 塞罕坝普遍分布，生于海拔 5~4500m 的草地、河滩、沟边、草甸、田间及路旁。

用　　途 全株可入药，清热利尿，清肝明目，可用于治疗目赤肿痛、痰多咳嗽等。

柳穿鱼
Linaria vulgaris subsp. *chinensis*

形态特征 多年生草本，高 20~80cm。茎直立，无毛。叶互生，极少轮生线形，单脉，极少 3 脉，全缘。总状花序顶生，花密集，花序轴及花梗无毛；苞片线形；花萼 5 伸裂，裂片披针形，里面被腺毛；花冠黄色，上唇较长，直伸，下唇先端平展，喉部向上隆起，被毛，距稍弯曲。蒴果椭圆状或卵形；种子圆盘状，边缘具翅，中央有瘤状突起。花期为 6—8 月，果期为 9 月。

生境分布 塞罕坝林区普遍分布，生于山坡草地、干河滩或路旁。喜光耐旱，种子繁殖。

用　　途 用于插花或栽培观赏，可作一年生草花培养；全草可入药，用于治疗风湿性心脏病。

糙苏
Phlomoides umbrosa

形态特征　多年生草本。根粗厚，须根肉质。茎
高 50~150cm，多分枝，四棱形，具浅槽，疏被向下
短硬毛，有时上部被星状短柔毛，常带紫红色。叶近圆形、
圆卵形至卵状长圆形；苞叶通常为卵形，边缘为粗锯齿状牙齿，毛被同茎叶，叶柄长
2~3mm。小坚果无毛。花期为 6—9 月，果期为 9 月。

生境分布　塞罕坝普遍分布，生于山坡、林下、草地或阴湿地上。

用　　途　根可入药，性苦辛、微温，有消肿、生肌、续筋、接骨之功，兼补肝、
肾，强腰膝，又有安胎之效。

大叶糙苏

Phlomoides maximowiczii

形态特征 茎高达 1m，疏被倒向糙硬毛，上部分枝。基生叶宽卵形，长 9~15cm，先端渐尖，基部浅心形，具锯齿或牙齿，上面疏被糙硬毛，下面疏被星状柔毛；下部茎生叶叶柄长 7~9cm，上部叶柄长 2~3cm。轮伞花序具多花；苞叶卵状披针形，苞片披针形，花萼管形，脉被平展刚毛，萼齿平截，具极短刺芒，内面被微柔毛，顶部被簇生毛；雄蕊内藏，花丝顶部被长柔毛，后对花丝基部在毛环上方具斜展短距状附属物。花期为 7—8 月。

生境分布 塞罕坝有分布，生于林缘或河岸。

用　　途 根和叶皆可入药，在初夏及秋季采挖，洗净，鲜用或切片晒干。

超级鼠尾草

Salvia × sylvestris

形态特征　多年生草本，植株丛生，株高 40~50cm。叶对生、椭圆形；叶片大，长 10~15cm，宽 4~5cm，叶表有凹凸状织纹。花深紫色或淡粉紫色，颜色艳丽，有香气，总状花序。种子近球形，种皮黑色。花期在 4 月、10 月，果期为 4—5 月。

生境分布　塞罕坝普遍分布，喜温暖、光照充足、通风良好的坏境、耐热性强。喜排水良好，土质疏松的中性或微碱性土壤。

用　　途　用于观赏。

黄芩

Scutellaria baicalensis

形态特征　多年生草本。根茎肥厚，肉质，径达2cm，伸长而分枝。茎基部伏地，上升，高（15~）30~120cm；基部径2.5~3mm，钝四棱形，具细条纹；近无毛或被上曲至开展的微柔毛，绿色或带紫色，自基部多分枝。叶坚纸质，披针形至线状披针形；叶柄短，腹凹背凸，被微柔毛。花序在茎及枝上顶生，总状花序，常再于茎顶聚成圆锥花序；花梗长3mm，与序轴均被微柔毛。小坚果卵球形，黑褐色，具瘤，腹面近基部具果脐。花期为7—8月，果期为8—9月。

生境分布　塞罕坝普遍分布，生于向阳草坡地、荒地上。

用　　途　根茎为清凉性解热消炎药，对上呼吸道感染、急性胃肠炎等均有功效，少量服用有健胃的作用。

密花香薷

Elsholtzia densa

　　形态特征　草本。高达60cm，基部多分枝。茎被短柔毛。叶披针形或长圆状披针形，长1~4cm，基部宽楔形或圆形，基部以上具锯齿，两面被短柔毛；叶柄长0.3~1.3cm，被短柔毛。穗状花序长2~6cm，密被紫色念珠状长柔毛；花冠淡紫色，密被紫色念珠状长柔毛，冠筒漏斗形，上唇先端微缺，下唇中裂片较侧裂片短。小坚果暗褐色，卵球形，被微柔毛，顶端具小疣突起。花果期为7—10月。

　　生境分布　塞罕坝有分布，生于海拔1800~4100m的林缘、高山草甸、林下、河边及山坡荒地。

　　用　　途　外用可治脓疮及皮肤病。

鼬瓣花

Galeopsis bifida

形态特征　一年生直立草本，高达 20~60cm。上部有分枝，节处密生多节长刚毛，节间混生下向具节长刚毛，贴生短柔毛或腺毛。叶卵状披针形或披针形；叶柄长 1~2.5cm，被毛。轮伞花序腋生，多花密集；小苞片线形至披针形，先端刺尖；花冠白色、黄色或红紫色。小坚果倒卵状三棱形，褐色，有鳞顶端具腺点。花期为 7—9 月，果期为 9—10 月。

生境分布　塞罕坝坝上林区有分布，多生于草甸、路边。

用　　途　种子可榨油，含油率 40%~50.1%，适用于工业。

鼻花

Rhinanthus glaber

　　形态特征　一年生草本，高 15~60cm。植株直立，茎有棱，有 4 列柔毛，不分枝或分枝；分枝及叶几于垂直向上，紧靠主轴。叶无柄，条形至条状披针形，与节间近等长，两面有短硬毛。苞片比叶宽，花序下端的苞片边缘齿长而尖，而花序上部的苞片具短齿；花梗很短，长仅 2mm。蒴果直径 8mm，藏于宿存的萼内；种子长达 4.5mm，边缘有宽达 1mm 的翅。花期为 6—8 月。

　　生境分布　塞罕坝白水林区有分布，多生于低湿地或草甸。

　　用　　途　可作干切花原料。

楔叶菊

Chrysanthemum naktongense

形态特征 多年生草本，高 10~50cm，有地下匍匐根状茎。茎直立，自中部分枝，分枝斜升，或仅在茎顶有短花序分枝，极少不分枝。全部茎枝有稀疏的柔毛，上部及接花序下部的毛稍多，或几无毛而光滑。叶腋常簇生有较小的叶；基生叶和下部茎叶与中部茎叶同形，但较小；全部茎叶基部楔形或宽楔形，有长柄，柄基有或无叶耳，两面无毛或几无毛。头状花序直径 3.5~5cm，2~9 个在茎枝顶端排成疏松伞房花序，极少单生；舌状花白色、粉红色或淡紫色，顶端全缘或具 2 齿。花期为 7—8 月。

生境分布 塞罕坝普遍分布，生于海拔 1400~1720m 的草原。

用　途 可作干花、切花原料。

飞廉属

飞廉
Carduus nutans

形态特征 二年生草本，高 30~100cm。具条棱，茎上有数行纵列的绿色翅，翅有齿刺，疏被长柔毛。叶互生，下部叶椭圆状披针形，长 6~20cm；羽状深裂，裂片边缘具刺；表面绿色，近无毛，背面初时被毛，后渐脱落；中部及上部叶渐变小。头状花序，2~3 个聚生于枝顶；管状花紫红色，稀白色。瘦果，长椭圆形，褐色；冠毛白色，刺毛状。花果期为 6—8 月。

生境分布 塞罕坝林区普遍分布，多生于河床、路边。

用　　途 地上部分可入药，清热解毒、消肿、凉血、止痛。

飞蓬

Erigeron acris

形态特征　二年生草本。茎被硬长毛，兼有疏贴毛；头状花序下部常被具柄腺毛；茎基部叶倒披针形，长1.5~10cm，基部渐窄成长柄，全缘，稀具小尖齿。茎被硬长毛，兼有疏贴毛。头状花序下部常被具柄腺毛。瘦果长圆披针形，被疏贴毛；冠毛白色，刚毛状，外层极短。花期为7—9月。

生境分布　塞罕坝林区普遍分布，常生于海拔1400~3500m的山坡草地、牧场及林缘。

用　　途　有一定的药用价值。

风毛菊

Saussurea japonica

形态特征　二年生草本。茎无翼，稀有翼，疏被柔毛及金黄色腺点。基生叶与下部茎生叶椭圆形或披针形，长 7~22cm，羽状深裂，裂片 7~8 对，长椭圆形、斜三角形、线状披针形或线形，裂片全缘，极稀疏生大齿；叶柄长 3~3.5（~6）cm，有窄翼；叶两面绿色，密被黄色腺点。头状花序多数在顶部排成伞房状或伞房圆锥花序；小花紫色。瘦果圆柱形，深褐色；冠毛白色，外层糙毛状。花果期为 6—11 月。

生境分布　塞罕坝林区普遍分布，生于海拔 200~2800m 的山坡、山谷、林下、山坡路旁、山坡灌丛、荒坡、水旁、田中。

用　　途　全草可入药，可用于园林花境，还可用作花丛、花境或林缘地被植物。

紫苞雪莲

Saussurea iodostegia

形态特征 多年生草本。茎被白色长柔毛。基生叶线状长圆形；茎生叶披针形或宽披针形，无柄，基部叶半抱茎，边缘疏生细齿。头状花序密集成伞房状总花序；总苞宽钟状，总苞片 4 层，全部或上部边缘紫色，背面被白色长柔毛；小花紫色。瘦果长圆形，淡褐色；冠毛淡褐色，2 层。花果期为 7—9 月。

生境分布 塞罕坝林区普遍分布，生于海拔 1750~3300m 的山坡草地、山地草甸、林缘、盐沼泽。

用　　途 可入药，清肝热、明目、治头晕。

屋根草

Crepis tectorum

形态特征 一年生或二年生草本。根为长倒圆锥状，生多数须根。茎直立，高30~90cm，基部直径2~5mm，自基部或自中部伞房花序状或伞房圆锥花序状分枝，分枝多数，斜升，极少自上部分枝，全部茎枝被白色的蛛丝状短柔毛。头状花序多数或少数，在茎枝顶端排成伞房花序或伞房圆锥花序；总苞钟状；总苞片3~4层，外层及最外层短，不等长，线形；舌状小花黄色，花冠管外面被白色短柔毛。瘦果纺锤形，向顶端渐狭，顶端无喙，有10条等粗的纵肋，沿肋有小刺毛；冠毛白色。花果期为7—10月。

生境分布 塞罕坝坝上林区有分布，多生于山地林缘、河谷草地、田间或撂荒地。

用　　途 植株可作干花、切花原料。

刺儿菜

Cirsium arvense var. integrifolium

形态特征 多年生草本。茎直立，高 30~80（100~120）cm，上部有分枝，花序分枝无毛或有薄绒毛。基生叶和中部茎叶椭圆形、长椭圆形或椭圆状倒披针形，长 7~15cm，宽 1.5~10cm，上部茎叶渐小，椭圆形或披针形或线状披针形，或全部茎叶不分裂，叶缘有细密的针刺。或叶缘有刺齿，齿顶针刺大小不等，针刺长达 3.5mm，或大部茎叶羽状浅裂或半裂或边缘粗大圆锯齿，裂片或锯齿斜三角形，顶端钝，齿顶及裂片顶端有较长的针刺，齿缘及裂片边缘的针刺较短且贴伏。头状花序单生茎端，或植株含少数或多数头状花序在茎枝顶端排成伞房花序。总苞卵形、长卵形或卵圆形，直径 1.5~2cm。总苞片约 6 层，覆瓦状排列，向内层渐长，内层及最内层渐尖，膜质，短针刺。小花紫红色或白色，瘦果淡黄色，椭圆形或偏斜椭圆形，花果期为 5—9 月。

生境分布 塞罕坝有分布，生于海拔 170~2650m 的山坡、河旁或荒地、田间。

用　　途 可入药。

烟管蓟
Cirsium pendulum

形态特征 二年生或多年生草本，高 60~120cm，被蛛丝状毛。叶宽椭圆形至披针形，长 15~30cm，宽 3~10cm，基部渐狭成具翅的叶柄，二回羽状深裂，裂片边缘具刺，两面被短柔毛；上部叶渐小。头状花序单生枝顶，下垂；总苞卵球形，总苞片 8 层，线状披针形，先端具刺尖；花冠紫色，管部比檐部长 2~2.5 倍。瘦果长圆形，灰褐色；冠毛灰白色，羽毛状。花果期为 6—9 月。

生境分布 塞罕坝坝上林区有分布，多生于草甸、林缘。

用　途 全草可入药，治热性出血，解毒，凉血止血，补虚等。

莲座蓟
Cirsium esculentum

　　形态特征　多年生草本。无茎，茎基粗厚，生多数不定根，顶生多数头状花序，外围莲座状叶丛。叶两面同色，为绿色，两面或沿脉或仅沿中脉被稠密或稀疏的多细胞长节毛。头状花序5~12个，集生于茎基顶端的莲座状叶丛中。总苞钟状；总苞片约6层，覆瓦状排列，向内层渐长。小花紫色，不等5浅裂。瘦果淡黄色，楔状长椭圆形，压扁，顶端斜截形；冠毛白色或污白色或稍带褐色或带黄色。花果期为8—9月。

　　生境分布　塞罕坝坝下林区有分布，多生于平原、山间潮湿地或水边。

　　用　　途　根可入药；可栽培观赏。

山牛蒡

Synurus deltoides

　　形态特征　多年生草本，高 0.7~1.5m。茎直立，稀分枝，多少被蛛丝状毛。下部叶具长柄，叶片卵形、卵状长圆形或三角形，先端尖，基部稍呈戟形，边缘有不规则牙齿，齿端具短刺，表面疏被毛，背面密被灰白色毡毛；上部叶具短柄，长圆状披针形或卵状披针形。头状花序单生枝顶，总苞钟形，总苞片多层，线状披针形，花冠管状，深紫色。瘦果长圆形，冠毛淡黄色，1 层。花果期为 7—9 月。

　　生境分布　塞罕坝坝上林区普遍分布，多生于林缘、林间空地及路边。

　　用　　途　可作干花、切花原料。

牛蒡
Arctium lappa

形态特征 二年生草本，具粗大的肉质直根，长达 15cm，径可达 2cm，有分枝支根。茎直立，高达 2m，粗壮，通常带紫红或淡紫红色，有多数高起的条棱，分枝斜升，多数。基生叶宽卵形；茎生叶与基生叶同形或近同形，具等样的及等量的毛被，接花序下部的叶小，基部平截或浅心形。头状花序多数或少数在茎枝顶端排成疏松的伞房花序或圆锥状伞房花序，花序梗粗壮；总苞卵形或卵球形；总苞片多层，多数；全部苞近等长，顶端有软骨质钩刺；小花紫红色。瘦果倒长卵形或偏斜倒长卵形；冠毛多层，浅褐色。花果期为 6—9 月。

生境分布 塞罕坝坝上林区有分布，生于海拔 750~3500m 的山坡、山谷、林缘、林中、灌木丛中、河边潮湿地、村庄路旁或荒地。

用　途 果实可入药，性味辛、苦寒，疏散风热，宣肺透疹、散结解毒；根可入药，有清热解毒、疏风利咽之效。

亚洲蓍
Achillea asiatica

形态特征 多年生草本。茎直立，高18~60cm，被长柔毛。叶线状长圆形、线状披针形或线状倒披针形，常三回羽状全裂，表面具腺点，疏生长柔毛，背面无腺点，被较密的长柔毛。头状花序多数，密集成伞房状；总苞长圆形，3~4层；托片膜质，长圆状披针形；舌状花5朵，具黄色腺点，舌片粉红色或淡紫红色，少白色，椭圆形或近圆形，顶端有3圆齿，管状花淡粉红色。瘦果长圆状楔形。花果期为7—9月。

生境分布 塞罕坝林区普遍分布，多生于山坡草地和林缘等。

用　　途 全草可入药，有清热解毒、祛风止痛的作用。

山尖子

Parasenecio hastatus

形态特征 多年生草本。根状茎平卧，有多数纤维状须根。茎坚硬，直立，高40~150cm，不分枝，具纵沟棱，上部被密腺状短柔毛，下部无毛或近无毛。头状花序多数，下垂，在茎端和上部叶腋排列成塔状的狭圆锥花序；花序梗长4~20mm，被密腺状短柔毛。总苞圆柱形；总苞片7~8枚，线形或披针形，顶端尖，外面被密腺状短毛，基部有2~4枚钻形小苞片。小花8~15枚，花冠淡白色，檐部窄钟状，裂片披针形，渐尖；花药伸出花冠，基部具长尾；花柱分枝细长，外弯，顶端截形，被乳头状微毛。瘦果圆柱形，淡褐色，无毛，具肋；冠毛白色，约与瘦果等长或短于瘦果。花期为7—8月，果期9月。

生境分布 塞罕坝坝上林区有分布，多生于山地、林下或灌丛。

用　途 可作干花、切花原料。

紫菀属

高山紫菀
Aster alpinus

形态特征　多年生草本，株高 10~35cm。根状茎粗壮，有莲花状叶丛。茎直立，不分枝，被密毛或疏毛。下部叶匙状长圆形或线状长圆形，先端圆钝或稍尖，基部渐狭成具翅的柄，全缘，两面多少被毛，中部及上部叶渐变小，长圆状披针形或近线形，无叶柄。头状花序单生茎顶；总苞片 2~3 层，披针形至线形，近等长，先端圆钝或稍尖；舌状花紫色、蓝色或浅红色，管状花黄色。瘦果，长圆形，褐色，有密绢毛；冠毛白色，糙毛状。花期为 6—8 月，果期为 7—9 月。

生境分布　塞罕坝坝上林区普遍分布，多生于山坡、林缘、草甸和草原。

用　　途　全草可入药，有散寒平喘作用；可作饲料。

兴安乳菀

Galatella dahurica

形态特征 多年生草本，根状茎较细长，平卧或斜升，被褐色鳞片，全株被密乳头状短毛和微刚毛，下部近无毛；茎直立，单生，坚硬，黄绿色，基部紫红色，具明显的条纹，上部分枝，枝较细弱，直立或稍内弯。叶密集，斜上或稍开展，下部叶在花期常枯萎，中部叶线状披针形或线形，稀长圆状披针形。头状花序少数，在茎和枝端排列成疏伞房花序，花序梗细弱，稍弯曲；头状花序较大，具30~60朵花；总苞近半球形，总苞片3~4层，黄绿色。瘦果长圆形，被白色长柔毛；冠毛白色或污黄色，糙毛状。花期为7—9月。

生境分布 塞罕坝林区普遍分布，生长于海拔500~1400m的山坡草地，碱地和草原。

用　　途 可作干花、切花原料。

狗舌草

Tephroseris kirilowii

形态特征　多年生草本，高 20~65cm。茎直立，全株被蛛丝状毛。基生叶长椭圆形至倒卵状长椭圆形，长 5~10cm，宽 1.5~2.5cm，边缘具不整齐牙齿，两面密生蛛丝状毛；基生叶少数，披针形，无柄。头状花序 3~9 个，伞房状排列；总苞钟形，总苞片披针形，背面被蛛丝状毛；舌状花黄色。瘦果圆柱形，有密毛；冠毛白色。花期为 2—8 月，果期为 8 月。

生境分布　塞罕坝坝上林区普遍分布，多生于山坡或丘陵。

用　　途　可作干花、切花原料。

山莴苣

Lactuca sibirica

形态特征 多年生草本，高 50~130cm。根垂直直伸。茎直立，通常单生，常淡红紫色，上部伞房状或伞房圆锥状花序分枝，全部茎枝光滑无毛。头状花序含舌状小花约 20 枚，多数在茎枝顶端排成伞房花序或伞房圆锥花序；总苞片 3~4 层，不成明显的覆瓦状排列，通常淡紫红色，中外层三角形、三角状卵形，全部苞片外面无毛。舌状小花蓝色或蓝紫色。瘦果长椭圆形或椭圆形，褐色或橄榄色，压扁，中部有 4~7 条线形或线状椭圆形的不等粗的小肋，顶端短，收窄，边缘加宽加厚成厚翅。花果期为 7—9 月。

生境分布 塞罕坝坝上林区普遍分布，多生于林缘、林下、草甸、河岸、湖地水湿地。

用 途 是优良的青饲料。

锦带花
Weigela florida

形态特征　落叶灌木，高达 3m。树皮灰色；当年生枝绿色，有 2 条棱，有短柔毛。冬芽具 5~7 对芽鳞，常光滑。叶对生，椭圆形，倒卵形或卵状长圆形，先端渐尖或聚尖，基部圆形至楔形，边缘具锯齿，表面无毛或散生柔毛，中脉常有密短柔毛，背面疏被柔毛，脉上有白色毡毛；叶柄短。聚伞花序，有花 1~4 朵，腋生；花萼外被疏毛，萼裂片 5 枚，不等长，边缘具睫毛；花冠漏斗状钟形，外面紫红色，有毛，内面色淡，5 浅裂，裂片先端圆，开展。蒴果圆柱形，室间开裂；种子小，多数。花期为 4—6 月，果期为 8—9 月。

生境分布　塞罕坝坝下林区普遍分布，多生于杂木林内或灌丛中。

用　　途　用于城市园林观赏。

窄叶蓝盆花

Scabiosa comosa

形态特征　多年生草本，高 30~80cm。根单一或 2~3 头，外皮粗糙，棕褐色，里面白色。茎直立，黄白色或带紫色，具棱，疏或密被白色短柔毛，在茎基部和花序下最密。基生叶成丛，叶片轮廓窄椭圆形，羽状全裂，稀为齿裂，裂片线形，叶柄长 3~6cm；茎生叶对生，基部连接成短鞘，抱茎，具长 1~1.2cm 的短柄或无柄，叶片轮廓长圆形。花时常枯萎；总花梗长 10~25cm，近顶端处密生卷曲白色短纤毛；总苞苞片 6~10 片，披针形，先端渐尖，光滑或疏生柔毛；花萼 5 裂，细长针状，棕黄色，上面疏生短毛；花冠蓝紫色，外面密生短柔毛，中央花冠筒状，先端 5 裂，裂片等长，边缘花二唇形。瘦果长圆形，具 5 条棕色脉，顶端冠以宿存的萼刺。花期为 7—8 月，果期为 9 月。

生境分布　塞罕坝林区普遍分布，生于海拔 500~1600m 的干燥砂质地、沙丘、山坡及草原。

用　　途　可作为观赏植物单植、丛植，亦可与其他植物相间栽植。有着较高的药用价值，具有抗炎解热、抗氧化、减轻肾功能损伤、镇静及增强免疫等作用。

缬草

Valeriana officinalis

形态特征 多年生草本，高 100~150cm。地下具匍匐茎，须根簇生；茎中空，表面具纵棱，被粗毛，节处尤密。基生叶开花时凋萎；茎生叶卵形至宽卵形，羽状深裂，裂片披针形或条形，顶端渐窄，基部下延，全缘或有稀锯齿，两面多少被毛。聚伞状圆锥花序顶生，三出，排成伞房状；具苞片；花冠粉红色，盛开后渐近白色。瘦果长卵形，基部近平截，顶端有羽毛状宿萼多条。花期为 5—7 月，果期为 6—10 月。

生境分布 塞罕坝林区普遍分布。多生于山坡草丛、林下或沟边。

用　　途 根及根茎可入药，有祛风除湿、镇静、调经作用。

金花忍冬

Lonicera chrysantha

形态特征 落叶灌木，高达 4m。树皮灰色，幼枝常被毛。叶菱状卵形至菱状披针形，先端尖或渐尖，基部楔形或近圆形，全缘，具睫毛，表面暗绿色，近无毛，背面淡绿色，疏被短毛，沿脉较密；叶柄长 5~6mm，有柔毛。总花梗长 7~9cm，有毛；花冠二唇形，初黄白色，后黄色，外面有短柔毛，花冠筒基部隆起。浆果近球形，红色，有光泽。花期为 5—6 月，果期为 7—9 月。

生境分布 塞罕坝林区普遍分布，多生于阔叶林内或针叶林林缘或灌丛，在林下弱光处生长旺盛。

用　　途 花可入药，有清热解毒、消散痈肿作用。

蓝果忍冬
Lonicera caerulea

形态特征 落叶灌木，高 1.5m。小枝红褐色，被柔毛。冬芽卵形，外有 2 枚舟形鳞片。叶长圆状卵形，先端钝尖或微尖，基部楔形或宽楔形，全缘，具睫毛，表面疏生短柔毛，背面毛稍密；托叶椭圆形，萌生枝和壮枝上者基部连合，包茎。花腋生；花梗长 7~15mm，下垂；相邻两花的萼筒合生成坛状壳斗，萼齿小；花冠黄白色，花筒基部膨大成囊状，裂片 5 片；雄蕊 5 枚；花柱较雄蕊长。浆果椭圆形或长圆形，深蓝色，被白粉。花期为 5 月，果期为 7—8 月。

生境分布 塞罕坝林区偶见单株个体，为珍贵的野果资源，应加强保护和发展。

用　　途 果酸甜，营养丰富，略带苦涩，可食，也可酿酒或制作果酱。

华北忍冬

Lonicera tatarinowii

形态特征　落叶灌木，高达 2m。幼枝、叶柄和总花梗均无毛。冬芽有 7~8 对宿存、顶尖的外鳞片。叶矩圆状披针形或矩圆形，长 3~7cm，顶端尖至渐尖，基部阔楔形至圆形，上面无毛，下面除中脉外有灰白色细绒毛，后毛变稀或秃净；叶柄长 2~5mm。总花梗纤细；花冠黑紫色，唇形，外面无毛，筒长为唇瓣的 1/2，基部一侧稍肿大，内面有柔毛。果实红色，近圆形；种子褐色，矩圆形或近圆形，表面颗粒状、粗糙。花期为 5—6 月，果熟期为 8—9 月。

生境分布　塞罕坝坝下林区有分布，生于山坡杂木林或灌丛中。

用　　途　可作庭院绿化树种。

蒙古荚蒾
Viburnum mongolicum

形态特征 落叶灌木，高达 2m。幼枝、叶下面、叶柄和花序均被簇状短毛；二年生小枝黄白色，浑圆，无毛。叶纸质，宽卵形至椭圆形，稀近圆形，顶端尖或钝形，基部圆形或楔圆形，边缘有波状浅齿，齿顶具小突尖，上面被簇状或叉状毛，下面灰绿色，侧脉 4~5 对，近缘前分枝而互相网结，连同中脉上部略凹陷或不明显，下面凸起；叶柄长 4~10mm。花冠淡黄白色，筒状钟形，无毛；雄蕊约与花冠等长；花药矩圆形。果实红色而后变黑色，椭圆形，核扁，有 2 条浅背沟和 3 条浅腹沟。花期为 5 月，果熟期为 9 月。

生境分布 塞罕坝德胜沟有分布，生于山坡疏林下或河滩地。

用 途 可作水土保持和园林绿化树种。

鸡树条荚蒾

Viburnum opulus subsp. *calvescens*

形态特征 落叶灌木，高达 3m。树皮具纵裂纹；小枝具棱。叶卵形或宽卵形，长 6~12cm，3 裂，少数不裂，掌状 3 出脉，具牙齿，表面无毛，背面被棕黄色长柔毛及暗褐色腺点；叶柄基部具 2 托叶，顶端有 2~4 腺体。花序顶生，边缘具不孕花；花冠白色，辐射状；雄蕊短于花冠，花药紫色。果近球形，红色，核扁圆形。花期为 5—6 月，果期为 8—9 月。

生境分布 塞罕坝坝下林区有分布，多生于山谷、山坡空旷地、林缘或灌丛。

用　　途 叶及嫩枝可入药，具有活血、消肿、镇痛等作用；果可止咳及食用；种子含油，可制肥皂和润滑油，还可作观赏树种。

接骨木

Sambucus williamsii

形态特征　落叶灌木或小乔木，高达 8m。树皮灰褐色，老枝有皮孔，髓心淡黄棕色，发达。冬芽卵圆形，具 3~4 对鳞片。奇数羽状复叶；小叶 3~7 枚，卵形、窄椭圆形至长圆披针形；花小，白色至淡黄色。核果浆果状，圆形，红色稀带紫色，萼片宿存；小核 2~3 枚。花期为 6 月，果期为 8—9 月。

生境分布　塞罕坝坝下林区普遍分布，多生在阴坡、半阴坡或半阳坡杂木林内，林缘或灌丛。

用　　途　可入药，具有活血、消肿、止痛等功效，用于跌打损伤、骨折、脱臼、风湿、关节炎、腰肌劳损等症；花可作发汗药；种子油可作催吐剂。种子含油，可制肥皂或工业用；可供园林栽培观赏或行道树。

红柴胡

Bupleurum scorzonerifolium

形态特征　多年生草本，高 30~60cm。主根发达，圆锥形，支根稀少，深红棕色，表面略皱缩，上端有横环纹，下部有纵纹，质疏松而脆。茎单一或 2~3，基部密覆叶柄残余纤维，细圆，有细纵槽纹；茎上部有多回分枝，略呈"之"字形弯曲，并成圆锥状。叶细线形，基生叶下部略收缩成叶柄，其他均无柄；叶长 6~16cm，宽 2~7mm，顶端长渐尖，基部稍变窄，抱茎，质厚，稍硬挺，常对折或内卷，3~5 脉，向叶背凸出，两脉间有隐约平行的细脉；叶缘白色，骨质，上部叶小。伞形花序自叶腋间抽出，花序多。果广椭圆形，深褐色，棱浅褐色，粗钝凸出。花期为 7—8 月，果期为 8—9 月。

生境分布　塞罕坝林区普遍分布，生于海拔 160~2250m 干燥的草原及向阳山坡上，灌木林边缘。

用　途　其有效成分柴胡皂苷有镇静、镇痛、抗炎及降低胆固醇的作用。

白芷

Angelica dahurica

形态特征 多年生高大草本，高 1~2.5m。根圆柱形，有分枝，径 3~5cm，外表皮黄褐色至褐色，有浓烈气味。茎基部径 2~5cm，有时可达 7~8cm，通常带紫色，中空，有纵长沟纹。基生叶一回羽状分裂，有长柄，叶柄下部有管状抱茎的边缘膜质的叶鞘；茎上部叶二至三回羽状分裂，叶片轮廓为卵形至三角形，花白色；无萼齿；花瓣倒卵形，顶端内曲成凹头状；花柱比短圆锥状的花柱基长 2 倍。果实长圆形至卵圆形，黄棕色，有时带紫色，无毛，背棱扁，厚而钝圆，近海绵质，侧棱翅状，较果体狭。花期为 7—8 月，果期为 8—9 月。

生境分布 塞罕坝林区普遍分布，常生长于林下、林缘，溪旁、灌丛及山谷草地。

用　　途 根可入药。

短毛独活

Heracleum moellendorffii

形态特征　二年生草本，有柔毛。根圆锥形，分枝。茎直立，粗壮，有棱槽，中空，上部分枝。下部叶有长柄，叶片轮廓宽卵形，三出羽状全裂；小叶 3~5 枚，有长柄；宽卵形上部叶无柄，逐渐简化。果实长圆状倒卵形，有疏短毛；分生果背棱和中棱线状突起，油管长为果体的 1/2。花期为 7 月，果期为 8—9 月。

生境分布　塞罕坝坝上林区有分布，生长于山坡林下、林缘及山沟溪边。

用　途　可用于公园及郊区绿化。根可入药，有祛风湿、解毒镇痛之效。

毒芹

Cicuta virosa

形态特征　多年生粗壮草本，高 70~100cm。主根短缩，支根多数，肉质或纤维状。根状茎有节，内有横隔膜，褐色。茎单生，直立，圆筒形，中空，有条纹，基部有时略带淡紫色，上部有分枝，枝条上升开展。基生叶叶柄长 15~30cm，叶鞘膜质，抱茎；叶片轮廓呈三角形或三角状披针形，2~3 回羽状分裂。花瓣白色，倒卵形或近圆形，顶端有内折的小舌片，中脉 1 条。分生果近卵圆形；胚乳腹面微凹。花果期为 7—8 月。

生境分布　塞罕坝林区普遍分布，生于海拔 400~2900m 的杂木林下、湿地或水沟边。

用　　途　本植物含有毒物质毒芹素和毒芹碱，牲畜误食会引起中毒。

红花鹿蹄草

Pyrola asarifolia subsp. *incarnata*

形态特征 常绿草本状小亚灌木，高 15~30cm。根茎细长，横生，斜升，有分枝。叶 3~7 枚，基生，薄革质，稍有光泽，近圆形或圆卵形或卵状椭圆形，两面有时带紫色，脉稍隆起；叶柄长 5.5~7cm，有时带紫色。花葶常带紫色，有 2（3）枚褐色的鳞片状叶。总状花序长 5~16cm，有 7~15 朵花，花倾斜，稍卜垂，花冠广开，碗形，紫红色；花瓣倒圆卵形；雄蕊 10 枚，花丝无毛；花柱长 6~10mm，倾斜，上部向上弯曲，顶端有环状突起，伸出花冠，柱头 5 圆裂。蒴果扁球形，带紫红色。花期为 6—7 月，果期为 8—9 月。

生境分布 塞罕坝坝上林区普遍分布，生于针叶林、针阔叶混交林或阔叶林下。

用　　途 全株可药用。可作干花、切花原料。

红瑞木

Cornus alba

形态特征　落叶灌木，高可达 3m。树皮暗红色，平滑；枝血红色。初时常有蜡状白粉；髓部宽，白色。芽卵状披针形，先端尖，带紫红色。叶对生，卵形或椭圆形，先端突尖，基部常为圆形，有时为广楔形，表面暗绿色，背面粉白色，散生伏毛；叶脉 5~6 对，明显；叶柄长 1~2.5cm。聚伞花序，花轴与花梗均被有密毛；花瓣黄白色，长圆形。核果斜卵圆形，两端尖，扁平，花柱宿存，成熟时白色或稍带蓝紫色。花期为 5—6 月，果期为 7—8 月。

生境分布　塞罕坝坝下林区普遍分布，多生于河塘、低湿地。

用　　途　系著名花木，各地园林中普遍栽培。

紫点杓兰
Cypripedium guttatum

保护等级　国家二级重点保护野生植物，世界自然保护联盟（IUCN）濒危物种。

形态特征　多年生草本，高 15~25cm。根状茎横走，纤细。茎直立，被短柔毛，靠近中部具 2 枚叶。叶互生或近对生，椭圆形或卵状椭圆形，急尖或渐尖，背脉上疏被短柔毛。花单生，白色而具紫色斑点；中萼片卵椭圆形，合萼片近条形或狭椭圆形，顶端 2 齿；背面被毛，边缘具细缘毛；花瓣几乎与合萼片等长，半卵形、近提琴形、花瓶形或斜卵状披针形，内面基部具毛；子房被短柔毛。

生境分布　塞罕坝坝下林区有分布，多生于林间草地、草甸及林缘。

用　　途　茎、花可入药，用于治疗神经、精神障碍、癫痫等症。

原沼兰属

原沼兰
Malaxis monophyllos

保护等级　国家二级重点保护野生植物。

形态特征　地生草本。假鳞茎卵形。叶常 1 枚，卵形、长卵形或近椭圆形，长 2.5~7.5cm；叶柄长 3~6.5（~8）cm，抱茎或上部离生。花葶长达 40cm，花序具数十朵花；花淡黄绿或淡绿色；中萼片披针形或窄卵状披针形，侧萼片线状披针形；花瓣近丝状或极窄披针形，先端骤窄成窄披针状长尾（中裂片），唇盘近圆形或扁圆形，中央略凹下，两侧边缘肥厚，具疣状突起，基部两侧有短耳。蒴果倒卵形或倒卵状椭圆形。花果期为 7—8 月。

生境分布　塞罕坝坝下林区有分布，生于林下、灌丛中或草坡上。

用　　途　全草可入药。

二叶兜被兰

Neottianthe cucullata

保护等级　国家二级重点保护野生植物。

形态特征　植株高 4~24cm。块茎圆球形或卵形，长 1~2cm。茎直立或近直立，基部具 1~2 枚圆筒状鞘，其上具 2 枚近对生的叶，在叶之上常具 1~4 枚小的、披针形、渐尖的不育苞片。叶近平展或直立伸展，叶片卵形、卵状披针形或椭圆形，先端急尖或渐尖，基部骤狭成抱茎的短鞘，叶上面有时具少数或多而密的紫红色斑点。总状花序具几朵至十余朵花，常偏向一侧；花苞片披针形，直立伸展，先端渐尖，最下面的长于子房或长于花；花紫红色或粉红色；花瓣披针状线形，先端急尖，具 1 脉，与萼片贴生。花期为8—9 月。

生境分布　塞罕坝坝下林区有分布，生于海拔 400~4100m 的山坡林下或草地。

用　　途　具有较高的园艺和草药价值。

裂唇虎舌兰
Epipogium aphyllum

保护等级 国家二级重点保护野生植物。

形态特征 植株高 10~30cm，地下具分枝的、珊瑚状的根状茎。茎直立，淡褐色，肉质，无绿叶，具数枚膜质鞘；鞘抱茎，长 5~9mm。总状花序顶生，具 2~6 朵花；花苞片狭卵状长圆形；花梗纤细；子房膨大；花黄色而带粉红色或淡紫色晕，萼片披针形或狭长圆状披针形，先端钝；花瓣与萼片相似，常略宽于萼片；唇瓣近基部 3 裂；距粗大，末端浑圆；蕊柱粗短。花期为 8—9 月。

生境分布 塞罕坝有分布，生于海拔 1200~3600m 的林下、岩隙或苔藓丛生之地，但在东北与内蒙古时海拔可降低至 1200m。

用　　途 为新奇的观赏植物。

手参

Gymnadenia conopsea

保护等级 国家二级重点保护野生植物。

形态特征 多年生草本，植株高 20~60cm。块茎椭圆形，肉质。茎直立，圆柱形。叶片线状披针形、狭长圆形或带形，先端渐尖或稍钝，基部收狭成抱茎的鞘。总状花序具多数密生的花，花序圆柱形；花苞片披针形，直立伸展，先端长渐尖成尾状，长于或等长于花；子房纺锤形；花粉红色，罕为粉白色，花瓣直立，斜卵状三角形，具3脉，前面的一条脉常具支脉，与中萼片相靠。花期为6—8月。

生境分布 塞罕坝坝上林区普遍分布，多生于山坡林下、草地或砾石滩草丛中。

用 途 块茎可药用，有补肾益精、理气止痛之效。

生僻字

bàng	biāo/sháo[①]	biāo	bò	è
蒡	杓	藨	檗	鹗
gé	gèn	gū	guàn	héng
茖	茛	菰	鹳	鸻
jī	jí	jí	jǐ	jì
姬	棘	鹡	戟	蓟
jiá	jiāo	jǐn	jù	qú
荚	茮	堇	苣	癯
jué	liǎo	líng	lóu	máo
蕨	蓼	鸰	蝼	锚
mí	mì	mù	pán	pǔ
蔝	蓂	苜	爿	蹼
qí	jì	qín	qú	rěn
芪	荠	芩	鸲	荏
rú	shī	sǒu	wēng	wō
薷	蓍	薮	鹟	莴
wú	xī	xī	xī	xiē
鹀	蓳	翁	樨	楔
xié	xù	yòu	yù	yuān
缬	蓿	鼬	鹬	鸢
zhě	zhǐ	zhì	zhuì	zǐ
赭	芷	雉	缀	呰

---

① 杓: 多音字，在动物名中通常读作 biāo，在植物名中通常读作 sháo。

主要参考文献

侯建华,刘春延,刘海莹,等.塞罕坝动物志[M].北京:科学出版社,2011.

侯建华,聂鸿飞.河北塞罕坝国家自然保护区综合科学考察报告[M].石家庄:河北科
学技术出版社,2015.

黄金祥,李信,钱进源.塞罕坝植物志[M].北京:中国科学技术出版社,1996.

昆山市农业委员会.昆山鸟类图谱[M].苏州:古吴轩出版社,2018.

刘春延,赵亚民,刘海莹,等.塞罕坝森林植物图谱[M].北京:中国林业出版社,2010.

赵正阶.中国鸟类志[M].长春:吉林科学技术出版社,2001.

郑光美.中国鸟类分类与分布名录[M].北京:科学出版社,2017.

中国动物主题数据库网:www.zoology.csdb.cn

植物智:www.iplant.cn

图书在版编目（CIP）数据

塞罕坝机械林场野生动植物图鉴. Ⅱ/安长明等主
编. —北京：中国林业出版社，2023.12
ISBN 978-7-5219-2537-1

Ⅰ. ①塞… Ⅱ. ①安… Ⅲ. ①林场－野生动物－河北
－图集②林场－野生植物－河北－图集 Ⅳ.
①Q958.522.2-64②Q948.522.2-64

中国国家版本馆CIP数据核字(2024)第009317号

策划编辑：何蕊
责任编辑：何蕊　李静
封面设计：北京大汉方圆数字文化传媒有限公司

———————————

出版发行：中国林业出版社
　　　　　（100009，北京市西城区刘海胡同7号，电话：010-83143666）
电子邮箱：cfphzbs@163.com
网址：www.forestry.gov.cn/lycb.html
印刷：北京博海升彩色印刷有限公司
版次：2023年12月第1版
印次：2023年12月第1次
开本：787mm×1092mm　1/16
印张：11.5
字数：216千字
定价：150.00元